中等职业学校计算机系列教材

zhongdeng zhiye xuexiao jisuanji xilie jiaocai

AutoCAD 2008 中文版
应用基础

陈晓晖 主编

人民邮电出版社

北京

图书在版编目（CIP）数据

AutoCAD 2008中文版应用基础/陈晓晖主编.—北京：
人民邮电出版社，2009.4
（中等职业学校计算机系列教材）
ISBN 978-7-115-19604-0

Ⅰ. A… Ⅱ.陈… Ⅲ.计算机辅助设计—应用软件，
AutoCAD 2008—专业学校—教材 Ⅳ.TP391.72

中国版本图书馆CIP数据核字（2009）第009595号

内 容 提 要

　　本书介绍了计算机辅助绘图软件 AutoCAD 2008 的主要功能，并结合该软件在机械、电子和建筑方面的典型实例，讲解相关的软件应用知识。本书共 10 章，主要内容包括 AutoCAD 2008 基础知识、基本绘图工具、辅助绘图工具、图形编辑工具、创建和管理图层、块操作、创建文本和表格、尺寸标注、三维绘图基础、布局与打印出图等。

　　本书可作为中等职业学校计算机应用与软件技术等专业的教材，也可作为相关计算机培训班的培训教材。

中等职业学校计算机系列教材
AutoCAD 2008 中文版应用基础

◆ 主　　编　陈晓晖
　　责任编辑　张孟玮
　　执行编辑　曾　斌

◆ 人民邮电出版社出版发行　　北京市崇文区夕照寺街 14 号
　　邮编　100061　电子函件　315@ptpress.com.cn
　　网址　http://www.ptpress.com.cn
　　北京昌平百善印刷厂印刷

◆ 开本：787×1092　1/16
　　印张：14.5
　　字数：348 千字　　　　　　　　2009 年 4 月第 1 版
　　印数：1 – 3 000 册　　　　　　2009 年 4 月北京第 1 次印刷

ISBN 978-7-115-19604-0/TP

定价：25.00 元
读者服务热线：(010)67170985　印装质量热线：(010)67129223
反盗版热线：(010)67171154

中等职业学校计算机系列教材编委会

序

中等职业教育是我国职业教育的重要组成部分，中等职业教育的培养目标定位于具有综合职业能力，在生产、服务、技术和管理第一线工作的高素质的劳动者。

中等职业教育课程改革是为了适应市场经济发展的需要，是为了适应实行一纲多本，满足不同学制、不同专业和不同办学条件的需要。

为了适应中等职业教育课程改革的发展，我们组织编写了本套教材。本套教材在编写过程中，参照了教育部职业教育与成人教育司制订的《中等职业学校计算机及应用专业教学指导方案》及职业技能鉴定中心制订的《全国计算机信息高新技术考试技能培训和鉴定标准》，仔细研究了已出版的中职教材，去粗取精，全面兼顾了中职学生就业和考级的需要。

本套教材注重中职学校的授课情况及学生的认知特点，在内容上加大了与实际应用相结合案例的编写比例，突出基础知识、基本技能，软件版本均采用最新中文版。为了满足不同学校的教学要求，本套教材采用了两种编写风格。

- "任务驱动、项目教学"的编写方式，目的是提高学生的学习兴趣，使学生在积极主动地解决问题的过程中掌握就业岗位技能。
- "传统教材+典型案例"的编写方式，力求在理论知识"够用为度"的基础上，使学生学到实用的基础知识和技能。

为了方便教学，我们免费为选用本套教材的老师提供教学辅助光盘，光盘包括以下内容。

- 电子课件。
- 老师备课用的素材，包括本书目录的电子文档，各章（各项目）"学习目标"、"功能简介"、"案例小结"等电子文档。
- 按章（项目）提供教材上所有的习题答案。
- 按章（项目）提供所有实例制作过程中用到的素材。书中需要引用这些素材时会有相应的叙述文字，如"打开教学辅助光盘中的图片 '4-2.jpg'"。
- 按章（项目）提供所有实例的制作结果，包括程序源代码。
- 提供两套模拟测试题及答案，供老师安排学生考试使用。

在教材使用中老师们有什么意见、建议或索取教学辅助光盘，均可直接与我们联系，电子邮件地址是 fujiao@ptpress.com.cn，wangping@ptpress.com.cn。

中等职业学校计算机系列教材编委会

2008 年 8 月

前　言

随着计算机技术的飞速发展，计算机绘图软件也在不断地推陈出新。自 Autodesk 公司于 1982 年 11 月发布 AutoCAD 的第 1 个版本——AutoCAD V1.0 起，AutoCAD 已进行了近 20 次的升级，其功能逐渐强大，且日趋完善。如今，AutoCAD 已广泛应用于机械、建筑、电子、航天、造船、石油化工、土木工程、冶金、地质、农业、气象、纺织以及轻工等领域。在中国，AutoCAD 已成为工程设计领域应用最为广泛的计算机辅助绘图软件之一。

本书是根据教育部和原信息产业部颁发的《关于确定职业院校开展计算机应用与软件技术专业领域技能型紧缺人才培养培训工作的通知》和《中等职业学校计算机应用与软件技术专业领域技能型紧缺人才培养培训指导方案》的精神编写而成的。

本书全面介绍 AutoCAD 2008 的主要功能，并结合该软件在机械、电子和建筑方面的典型实例，讲解相关的软件应用知识。本书共 10 章，主要内容包括 AutoCAD 2008 基础知识、基本绘图工具、辅助绘图工具、图形编辑工具、创建和管理图层、块操作、创建文本和表格、尺寸标注、三维绘图基础、布局与打印出图等。完成本书的学习后，基本上能绘制较复杂的工程图样，还可以绘制简单的三维图形，并能进行布局设置及打印出图。

本书主要具有如下特点。

（1）内容紧密结合工程实际。本书将每一个知识点都融入到具体的案例中，特别在"知识拓展"部分，基本上采用了具有实际意义的工程图样，让学生尽快将所学知识应用到实际工作中。

（2）具有很强的实践性和可操作性。本书把每个知识点都以案例的形式展现在学生面前，通俗易懂，便于学生上机操作和培养学生的自学能力。

（3）让学生由浅入深，循序渐进地掌握知识，并能将知识融会贯通。本书的编写思路是，先通过小例子让学生理解每个知识点；再通过"练一练"，让学生把所学的知识灵活运用到具体的案例中；最后通过"知识拓展"及丰富的课后习题，让学生巩固学习成果。

使用本书进行教学时，可以参考下面的建议。

（1）课程的教学参考课时数为 72 学时。

（2）建议每个学时（45min）中讲授时间约为 20min，学生操作练习时间约为 25min，上机操作时间应不少于全部课时的 60%。

（3）授课时应采用任务驱动式教学法，以学生为中心，让学生多操作、多实践，在实践中提高学生的操作能力和分析、解决问题的能力。

本教材由陈晓晖任主编，参加编写工作的还有，甄超华、李慧基、张昌智。

由于编者水平有限，本书难免存在错误和不足之处，衷心希望广大读者批评指正。

编者
2009年1月

目　　录

第 1 章　AutoCAD 2008 基础知识

AutoCAD 是一种流行的计算机辅助设计（Computer Aided Design，CAD）绘图软件，具有强大的绘图功能。使用 AutoCAD 绘图，脱离了传统的图板、铅笔和绘图仪，避免了大量重复性的工作，易学易用。AutoCAD 的使用范围涉及机械、电子、航天、造船、建筑工程、土木工程以及地理信息系统等领域，本书以 AutoCAD 2008 为平台介绍其使用方法。

1.1　系统的启动与退出

AutoCAD 的启动与退出方法与其他软件类似。这里需要强调，退出 AutoCAD 前一定要确认已保存文件。

【例 1.1】　启动与退出 AutoCAD 2008 系统。

1. AutoCAD 2008 的启动

启动 AutoCAD 2008，可单击"开始"按钮，然后选择"程序"下的"Autodesk"程序组，并在该程序组中选择"AutoCAD 2008-Simplified Chinese→AutoCAD 2008"程序；也可以直接在桌面上双击 AutoCAD 2008 的快捷方式图标启动。

2. AutoCAD 2008 的退出

绘制或编辑图形结束后，应该先保存好相应文件，再执行退出应用软件操作。

在命令行中键入"EXIT"或"QUIT"命令可直接退出 AutoCAD。若尚未保存修改后的图形，AutoCAD 会提醒用户是否将修改的图形存盘，单击按钮"是"（存盘）或"否"（不存盘），如图 1.1 所示。

图 1.1　文件是否保存对话框

提 示

（1）退出 AutoCAD 应用软件，除采用命令方式外，还可以单击应用程序窗口右上角的关闭按钮 ✕。

（2）不退出 AutoCAD，仅关闭当前图形文件有如下两种方法。

① 单击菜单栏右边的关闭按钮 ✕，或单击文件窗口右上角的关闭按钮 ✕。

② 选择"文件→关闭"菜单命令。

AutoCAD 2008 中文版应用基础

1.2 AutoCAD 2008 绘图界面

首先认识一下 AutoCAD 2008 的界面。

【例 1.2】 熟悉 AutoCAD 2008 的绘图界面及界面各部分的作用。

启动 AutoCAD 2008 后，打开 AutoCAD 2008 的绘图界面，如图 1.2 所示。AutoCAD 2008 的绘图界面主要包括以下几个部分：绘图窗口、标题栏、菜单栏、状态栏、工具栏、坐标系图标、十字光标、命令行、"面板"选项板、"模型"选项卡和"布局"选项卡等。

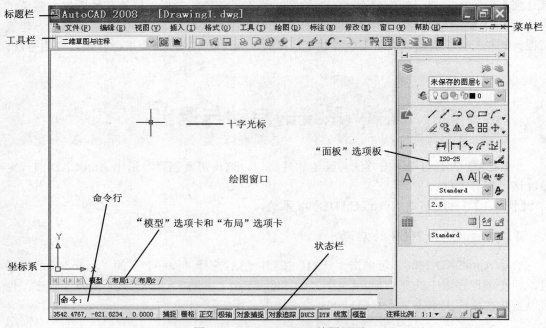

图 1.2 AutoCAD 2008 绘图界面

1. 绘图窗口

绘图窗口是整个界面中最大的空间，是绘制图样、显示和观察图样的窗口。

2. 标题栏

标题栏位于界面顶部，显示当前运行的软件名称和图形文件名称。打开绘图界面时，系统默认的文件名为 "Drawing*n*.dwg"（*n* 代表 1，2，3，4，…，*n* 值主要由新建文件数量而定）。标题栏的右侧有 3 个小按钮，分别是"最小化"、"恢复"和"关闭"按钮，用来控制界面的显示状态。

3. 菜单栏

菜单栏由文件、编辑、视图、插入、格式、工具、绘图、标注、修改、窗口、帮助等项构成，与其他 Windows 程序类似。绘图区域空间有限，为了尽量简化界面，很多辅助绘

2

图的功能不在工具条中直接列出，都存放在下拉菜单中。

单击某个菜单，可以打开下拉菜单，选择需要的命令。有的命令选项后面有黑色的三角符号 ▶，表示该菜单还有子菜单。如果命令选项后面是省略号，表示选择该命令将打开一个对话框。

4. 状态栏

状态栏位于屏幕的底部，反映当前的绘图状态，如光标所处位置的坐标值以及绘图时的辅助功能是否开启等。

状态栏包括"捕捉"、"栅格"、"正交"、"极轴"、"对象捕捉"、"对象追踪"、"DUCS"、"DYN"、"线宽"和"模型（图纸空间）"10 个功能按钮，其功能如下。

- "捕捉"按钮：单击该按钮，打开捕捉设置，此时光标只能在 X 轴、Y 轴或极轴方向移动固定的距离。具体使用方法，参见第 3 章。
- "栅格"按钮：单击该按钮，打开栅格显示，此时在绘图界限范围内将布满小点，小点间的间距可通过"工具→草图设置"菜单命令设置。具体使用方法，参见第 3 章。
- "正交"按钮：单击该按钮，打开正交模式，此时只能绘制垂直直线或水平直线。
- "极轴"按钮：单击该按钮，打开极轴追踪模式。在绘制图形时，系统将根据设置显示一条追踪线，可在该追踪线上根据提示精确地移动光标，从而精确绘图。具体使用方法，参见第 3 章。
- "对象捕捉"按钮：单击该按钮，打开对象捕捉模式。因为所有几何对象都有一些决定其形状和方位的关键点，所以，在绘图时可以利用对象捕捉功能，自动捕捉这些关键点。具体使用方法，参见第 3 章。
- "对象追踪"按钮：单击该按钮，打开对象追踪模式，可以通过捕捉对象上的关键点，并沿正交方向或极轴方向拖动光标，此时可以显示光标当前位置与捕捉点之间的相对关系。通过该按钮，可以省去绘制辅助线的步骤。具体使用方法，参见第 3 章。
- "DUCS"按钮：单击该按钮，可以允许或禁止动态的用户坐标系。
- "DYN"按钮：单击该按钮，将在绘制图形时自动显示动态输入文本框，方便用户在绘图时设置精确数值。
- "线宽"按钮：单击该按钮，打开线宽显示。在绘图时如果为图层和所绘图形设置了不同的线宽，打开该开关，可以在屏幕上显示线宽，以标识各种具有不同线宽的对象。
- "模型"按钮：单击该按钮，可以在模型空间和图纸空间切换。具体使用方法，参见第 10 章。

5. 工具栏

工具栏中存放一些常用命令的图标按钮，单击这些图标按钮可以执行相应的命令。绘制二维图形时，常用"标准"、"对象捕捉"、"绘图"、"修改"、"标注"等工具栏。

下面详细介绍工具栏的打开与关闭、调整工具栏的位置、查看工具栏的内容和修改工具栏的方法。

（1）工具栏的显示与隐藏。

如果要显示当前隐藏的工具栏，可在任意工具栏的非工具按钮位置上右击鼠标，弹出一个快捷菜单，先选择"ACAD"工作组，然后再选择相对应的工具栏名称。如图 1.3 所示。

如果要隐藏当前显示的工具栏，则把工具栏拖拉到绘图区域，然后单击工具栏右上角的"关闭"按钮 ✕ 。

（2）调整工具栏的位置。

工具栏的位置可以根据需要在工作界面中重新布置。在工具栏的标题栏或者非工具按钮的位置上单击鼠标左键，拖曳鼠标到新的位置即可。

（3）查看工具栏的内容。

工具栏按钮的名称可以动态地显示在一个黄色的标签中，移动鼠标指针在某个按钮上稍作停留即可，同时在状态栏上也显示该按钮的描述。

（4）修改工具栏。

可以向工具栏中添加按钮，也可以删除工具栏中不常用的按钮。

① 向工具栏中添加按钮。

选择"视图→工具栏"菜单命令，弹出"自定义用户界面"对话框，如图 1.4 所示。通过拖曳鼠标方式，向默认的工具栏添加按钮。

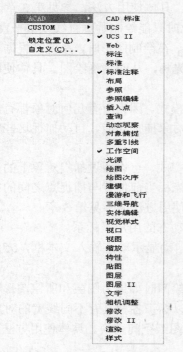

图 1.3　"工具栏"快捷菜单

图 1.4　"自定义用户界面"对话框

② 删除工具栏上不经常使用的按钮。

在弹出"自定义用户界面"对话框的情况下，将鼠标指针移至将要被删除的按钮上，并单击鼠标左键（见图 1.5，图例为删除" ✎ "按钮，在按钮上出现黑色的边框），拖曳鼠标至绘图工作区，弹出对话框如图 1.6 所示，选择"确定"按钮即可。

6. 坐标系图标

绘图工作区左下角通常有一个"L"形的图标，表示当前绘图时所使用的坐标形式及坐标的方向性等特征。用户也可以定义一个方便自己绘图的"用户坐标系"。

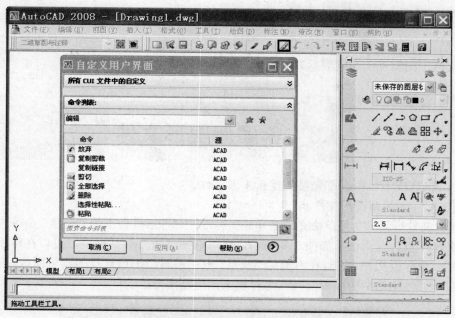

图 1.5　删除工具栏上的按钮

7. 十字光标

绘图工作区内有一个十字线，其交点是光标当前所在位置，用于绘图和选择对象。

8. 命令行

用于输入键盘命令，显示系统信息与提示。

9. "面板"选项板

面板是一种特殊的选项板，用于显示与基于任务的工作空间关联的按钮和控件。如果要显示或隐藏面板中的控制台，可在面板非命令按钮区域上单击鼠标右键，在弹出的快捷菜单中选择命令来控制是否显示各个控制台，如图 1.7 所示。

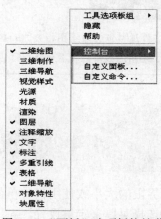

图 1.6　"删除按钮"对话框　　　　　　　图 1.7　"面板"选项板快捷菜单

10. "模型"选项卡和"布局"选项卡

"模型"选项卡是完成绘图和设计工作的工作空间,而"布局"选项卡是设置打印设备、纸张、比例、图纸视图布置等,并可预览图纸输出效果。

1.3 创建新图形文件

在 AutoCAD 中绘图,首先要创建新图形文件。

【例 1.3】 创建新图形文件。

选择"文件→新建"菜单命令或者单击"标准注释"工具栏上的"新建"命令按钮 □,弹出"选择样板"对话框,如图 1.8 所示。在"选择样板"对话框中,可以在样板列表框中选中某一个样板文件,这时在右侧的"预览"框中将显示出该样板的预览图像,单击"打开"按钮,可以将选中的样板文件作为样板来创建新图形。

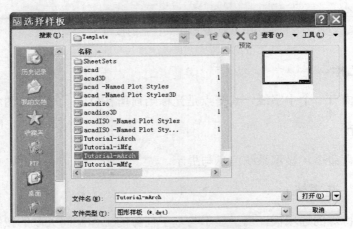

图 1.8 "选择样板"对话框

提 示

样板文件通常包含与绘图相关的一些通用设置,如图层、线型、文字样式等,使用样板创建新图形不仅提高了绘图的效率,而且还保证了图形的一致性。

1.4 设置绘图界限和绘图单位

绘图界限的大小或使用何种单位和精度需要根据项目的要求确定。绘图过程中可以利用命令或选择菜单来定量设置。

【例1.4】 进入绘图界面后，设置绘图界限为 210mm×297mm，并控制输入点在设置的绘图界限范围之内，若超出绘图界限，拒绝接受。

操作步骤如下。

（1）设置绘图界限，选择"格式→图形界限"菜单命令。

命令: limits

重新设置模型空间界限:

指定左下角点或 [开(ON)/关(OFF)]<0.0000,0.0000>:　　　（采用默认设置，则直接按回车键）

指定右上角点<420.0000,297.0000>: 210,297　　　（重新设置模型空间右上角点）

（2）控制输入点在设置的绘图界限范围之内，同样采用以上命令。按空格键，重新执行"格式→图形界限"命令。

命令:limits

重新设置模型空间界限:

指定左下角点或 [开(ON)/关(OFF)] <0.0000,0.0000>:on　　　（打开绘图界限开关）

 提 示

（1）AutoCAD绘图界限的默认值为420mm×297mm，当单击状态栏上的"栅格"按钮时，在绘图区域的绘图界限范围内会均布栅格点；当修改绘图界限后，栅格点的范围会按新绘图界限重新排列；当打开绘图界限开关后，不能在栅格点外绘制图形。

（2）重新执行上一次的命令，可按空格键或回车键。

（3）修改绘图界限与控制图形输入范围，除采用菜单命令外，也可以通过输入命令"limits"来执行。

【想一想】

（1）如何检查绘图界限已经改变？

（2）如何检查用户输入点是否设置在绘图界限范围内？

【例1.5】 按以下的绘图要求，设置图形单位。

要求：图形长度单位类型为"小数"，精确到小数点后两位；角度单位类型为"十进制度数"，精确到小数点后两位，并采用 AutoCAD 默认的逆时针绘图方式；缩放比例为"1 单位相当于实际尺寸 1 厘米"。

操作步骤如下。

（1）选择"格式→单位"菜单命令（或键入命令"units"），弹出"图形单位"对话框，修改对话框中的参数，如图 1.9 所示。

（2）修改完毕后，单击"确定"按钮结束。

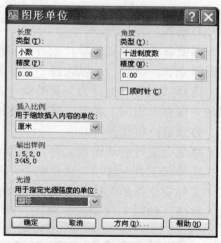

图 1.9 "图形单位"对话框

1.5 保存图形文件

计算机硬件故障、电压不稳、用户操作不当或软件问题都会导致错误，使用户无法继续编辑或打印输出图形。因此，经常保存工作中的文件，可以确保系统发生故障时，将数据丢失的损失降到最低限度。

【例 1.6】 保存图形文件的常用方法。

方法一：保存。

从"标准注释"工具栏中单击"保存"命令按钮 📙，弹出"图形另存为"对话框，如图 1.10 所示。在"文件名"的文本编辑框中输入要保存文件的名称，再在"保存于"右边的下拉列表中选择要保存文件的路径，设置完成后，单击"保存"按钮，图形文件就会在设置的目录下，以指定的文件名保存，图样默认的后缀为".dwg"。

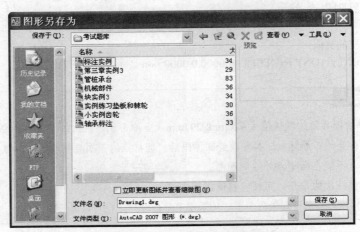

图 1.10　"图形另存为"对话框

方法二：另存为。

需要备份图形文件时，或者将文件存放到另外一条路径下时，用方法一的"保存"方式无法完成，这时，可以选择"另存为"。

选择"文件→另存为"菜单命令，弹出"图形另存为"对话框，其文件名和路径的设置与"保存"相同，参照方法一所述进行操作即可。

方法三：自动保存。

系统会定时自动保存文件，其时间间隔可以由用户指定。

选择"工具→选项"菜单命令，打开"选项"对话框，选择"打开和保存"选项卡，在"文件安全措施"选区中选择"自动保存"复选项，并在"保存间隔分钟数"输入框中输入数值，如图 1.11 所示。单击"确定"按钮完成设置。

　提　示

（1）在方法一中，保存文件的方式除了单击"保存"命令按钮📙外，还可以通过选择"文件→保存"菜单命令来实现。

（2）新版本文件在低版本系统下不能打开。如保存文件时，在"文件类型"中选择低版本的类型，保存的文件就可以在相应的低版本中打开。

（3）如果本次操作有错误，可以在关闭文件时选择不保存，文件将不变更原有内容。

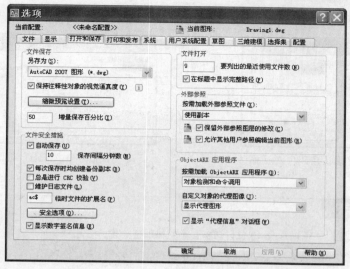

图 1.11　"打开和保存"选项卡对话框

1.6　加密保护绘图数据

在 AutoCAD 2008 中，保存文件时可以使用密码保护功能，对文件进行加密保存。

【例 1.7】　对图形文件进行加密保存。

选择"文件→保存"或"文件→另存为"菜单命令，弹出"图形另存为"对话框。在该对话框中选择"工具→安全选项"命令按钮，弹出"安全选项"对话框，如图 1.12 所示。单击"密码"选项卡，在"用于打开此图形的密码或短语"文本框中输入密码，然后单击"确定"按钮，弹出"确认密码"对话框，在"再次输入用于打开此图形的密码"文本框中输入确认密码，如图 1.13 所示。

图 1.12　"安全选项"对话框

为文件设置了密码后，在打开文件时系统将弹出"密码"对话框，如图 1.14 所示，要求输入正确的密码，否则将无法打开文件。这对于需要保密的图纸非常重要。

【练一练】设每隔 5min，系统自动保存当前文件，不需要每次保存备份，并要求该文件输入密码才能打开。

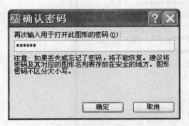

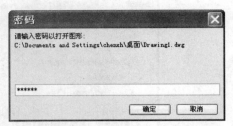

图 1.13 "确认密码"对话框   图 1.14 "密码"对话框

 提 示

在进行加密设置时,可以选择 40 位、128 位等多种加密长度。可在"密码"选项卡中单击"高级选项"按钮,在打开的"高级选项"对话框中进行设置。

(1)建立新文件后,选择"文件→保存"菜单命令,在弹出的对话框中,输入文件名及密码。

(2)选择"工具→选项"菜单命令,弹出"选项"对话框,单击"打开和保存"选项卡。单击"文件安全措施"选项组中的"自动保存"复选项,并在"保存间隔分钟数"的输入框中输入数值"5";在同一选项组中,取消对"每次保存时均创建备份副本"复选项的选择,如图 1.15 所示。单击"确定"按钮后,完成设置。

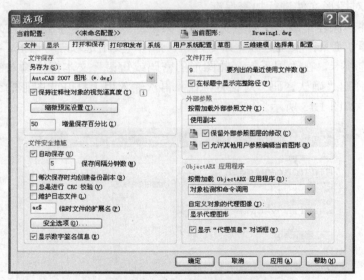

图 1.15 "选项"对话框的设置

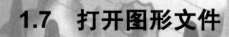
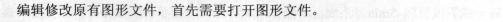

1.7 打开图形文件

编辑修改原有图形文件,首先需要打开图形文件。

【例 1.8】　打开图形文件的两种方法。

方法一：在绘图界面下，单击"打开"命令按钮 或在命令行输入 open 命令，弹出"选择文件"对话框，如图 1.16 所示，在对话框中选择要打开的文件。

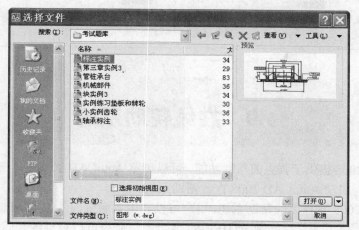

图 1.16　"选择文件"对话框

方法二：在 Windows 资源管理器中用鼠标双击图形名称可打开图形文件。

1.8　执行 AutoCAD 文件

AutoCAD 2008 属于人机交互式软件，当使用 AutoCAD 2008 绘图或进行其他操作时，首先要向 AutoCAD 发出命令，告诉 AutoCAD 要干什么。那么，如何执行 AutoCAD 文件呢？

【例 1.9】　执行 AutoCAD 文件的 4 种方法。

方法一：通过键盘输入命令执行。

当命令行中最后一行的提示为"命令："时，表示当前处于命令接收状态。此时通过键盘输入某一命令后按 Enter 键或空格键，即可启动对应的命令，而后 AutoCAD 会给出提示，提示用户应执行的后续操作。采用这种方法执行 AutoCAD 命令，用户需要记住各 AutoCAD 命令。

方法二：通过菜单执行命令。

单击下拉菜单中的某一菜单项，执行对应的 AutoCAD 命令。

方法三：通过工具栏命令按钮执行命令。

单击某一工具栏上的某一按钮，可以执行对应的 AutoCAD 命令。

方法四：重复执行命令。

当完成某一命令的执行后，如果需要重复执行该命令，除可以通过上述 3 种方法执行外，还可以使用以下方式。

（1）直接按键盘上的 Enter 键或空格键。

（2）使光标位于绘图窗口，单击鼠标右键，AutoCAD 弹出快捷菜单，并在菜单的第 1 行显示出重复执行上一次所执行的命令，选择此菜单项可以重复执行对应的命令。

提　示

（1）输入 AutoCAD 命令时，不需要区分大小写。

（2）在命令执行过程中，可以通过按 Esc 键，或单击鼠标右键后，从弹出的快捷菜单中单击"取消"菜单项来终止命令的执行。

1.9　在线帮助系统

AutoCAD 2008 提供了强大的帮助功能，可以浏览 AutoCAD 2008 的全部命令及其功能。

【例 1.10】 启动 AutoCAD 2008 在线帮助系统。

AutoCAD 2008 有详尽的帮助系统，用户可以利用该系统深入了解 AutoCAD 2008 的功能和使用方法。使用 F1 功能键、"HELP"或"？"命令可以查询各种问题，系统会给出相关的帮助，如图 1.17 所示。"目录"选项卡中提供了系统的学习教程，是高级用户必看的内容。

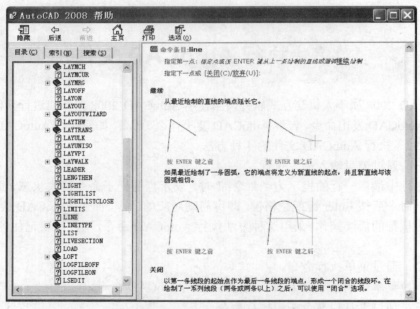

图 1.17　"AutoCAD 2008 帮助"窗口

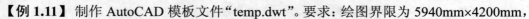

1.10　知　识　拓　展

【例 1.11】 制作 AutoCAD 模板文件"temp.dwt"。要求：绘图界限为 5940mm×4200mm，

长度单位保留 1 位小数，其余参数按默认值设置。

（1）设置绘图界限，选择"格式→图形界限"菜单命令。

命令: limits

重新设置模型空间界限:

指定左下角点或 [开(ON)/关(OFF)]<0.0000,0.0000>:　　　　（采用默认设置，则直接按回车键）

指定右上角点<420.0000,297.0000>: 5940,4200　　　　（重新设置模型空间右上角点）

（2）选择"格式→单位"菜单命令（或键入命令"units"），弹出"图形单位"对话框，修改对话框中的参数，如图 1.18 所示。

（3）选择"文件→保存"菜单命令，弹出"图形另存为"对话框，修改对话框中的参数，如图 1.19 所示。

图 1.18　"图形单位"对话框

图 1.19　"图形另存为"对话框

本 章 小 结

本章是 AutoCAD 2008 的入门基础，主要学习了 AutoCAD 2008 的启动和退出方法，AutoCAD 2008 界面的组成，如何新建、保存、关闭、打开图形文件，如何获取帮助信息等问题。掌握本章的内容，可为后续学习打好坚实基础。

思考与练习

1．问答题

（1）AutoCAD 的主要功能有哪些？

（2）AutoCAD 2008 的绘图界面由哪几部分组成？

（3）AutoCAD 2008 有哪几种打开图形文件的方法？

（4）AutoCAD 2008 的模板文件放在哪个目录上？

（5）在 AutoCAD 2008 中如何对图形文件进行加密保存？

（6）在 AutoCAD 2008 绘图界面上，如何检查绘图界限的大小？

（7）在 AutoCAD 2008 绘图界面上，如何检查图形是否超出绘图界限的范围？

（8）执行 AutoCAD 命令有哪几种方法？

2．综合应用题

建立一个新图档，文件名为"新建练习"，图档格式要求如下：

（1）绘图界限设为 A0 图幅（尺寸：1189mm×841mm）；

（2）在绘图过程中，所设绘图界限有效；

（3）长度单位类型为"小数"，精确到小数点后 1 位；

（4）角度单位为"十进制数"，精确到小数点后 1 位；

（5）采用自动存盘方式，每隔 5min 系统自动保存文件；

（6）对新图档文件进行加密后，尝试重新打开该文件。

第2章 基本绘图工具

各种 CAD 图都可以分解为基本图形构成。AutoCAD 的基本图形约十余种，如直线、圆、圆弧、矩形、椭圆、正多边形等。熟练掌握基本图形的绘制，是绘制各种图形的前提和基本功。

2.1 坐标点的表示方法

AutoCAD 2008 系统默认的坐标系是"世界坐标系"。坐标系图标中标明了 X 轴和 Y 轴的正方向，所输入的点依据这两个正方向进行定位。采用坐标定位进行输入时，常用 3 种输入方法：绝对坐标输入法、相对直角坐标输入法、相对极坐标输入法。

【例 2.1】 利用坐标定位的 3 种方法，绘制一个矩形，其 4 角的坐标分别是（50,80）、（150,80）、（150,30）、（50,30），如图 2.1 所示。

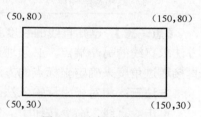

图 2.1 坐标点的表示

方法一：绝对坐标输入法。

单击"直线"命令按钮 ✎，命令提示为：

命令: _line 指定第一点: 50,80　　　　　　　（输入第 1 点的坐标值"50,80"）
指定下一点或 [放弃(U)]: 150,80　　　　　　（输入第 2 点的坐标值"150,80"）
指定下一点或 [放弃(U)]: 150,30　　　　　　（输入第 3 点的坐标值"150,30"）
指定下一点或 [闭合(C)/放弃(U)]: 50,30　　　（输入第 4 点的坐标值"50,30"）
指定下一点或 [闭合(C)/放弃(U)]: c　　　　　（输入闭合参数"C"）

提 示

（1）新建 AutoCAD 文件，系统默认"自动显示动态输入文本框"。对于初学者最好设置为"非动态显示输入文本框"，即单击状态栏上的"DYN"按钮，使其凸出来。

（2）绝对坐标输入法的命令格式：(X, Y)。第 1 个数字代表 X 轴的坐标值，第 2 个数字代表 Y 轴的坐标值。

（3）绝对坐标的基准点是坐标系的原点（0,0）。

【想一想】 在一张图中，有时只知道某一个点的坐标值，而其他点的坐标值要通过尺寸换算才能求出。这样，如果还用上面讲到的方法来输入，会显得笨拙，并且效率和准确度都会降低。那怎么办？

方法二：相对直角坐标输入法。

单击"直线"命令按钮 ，命令提示为：

命令: _line 指定第一点: 50,80

指定下一点或 [放弃(U)]: @100,0

指定下一点或 [放弃(U)]: @0,−50

指定下一点或 [闭合(C)/放弃(U)]: @−100,0

指定下一点或 [闭合(C)/放弃(U)]: c

提 示

（1）相对直角坐标输入法的命令格式：（@△X，△Y）。此命令是根据某参考点而确定坐标，再相对于这一参考点作 X 和 Y 方向的位移来确定另外一点的坐标。其中：△X 的值为正时，表示向 X 轴正方向偏移；△X 的值为负时，表示向 X 轴反方向偏移；△Y 的值为正时，表示向 Y 轴正方向偏移；△Y 的值为负时，表示向 Y 轴反方向偏移。

（2）相对直角坐标输入法，是以前一个输入点为参考点，并把这个参考点假定为原点，再相对这个假定的原点进行位移，从而确定另外一点。例如：已知前一点坐标是"5, 10"，输入相对直角坐标值"@65, 20"，则该点的绝对坐标值为"70, 30"。

【想一想】 已知直线的长度和直线与 X 轴的正方向所形成的夹角，若采用以上的两种方法求直线的另一端点，必须通过三角函数的换算才能计算出端点的坐标值。是否有一种直接通过角度来确定坐标点的方法呢？

方法三：相对极坐标输入法。

单击"直线"命令按钮 ，命令提示为：

命令: _line 指定第一点: 50,80

指定下一点或 [放弃(U)]: @100<0

指定下一点或 [放弃(U)]: @50<−90

指定下一点或 [闭合(C)/放弃(U)]: @100<180

指定下一点或 [闭合(C)/放弃(U)]: c

提 示

相对极坐标命令格式：（@极径<极角）。此命令是指参考点到某一点的距离和与 X 轴正方向的夹角来确定坐标点的表示方法。其中：某参考点到某一点的距离为极径，与 X 轴正方向的夹角为极角，其中正角度表示沿逆时针方向旋转，负角度表示沿顺时针方向旋转。例如：已知前一点的坐标"10, 5"，输入相对极坐标"@15<45"，则表示该点与前一点的距离为 15 个单位，与 X 轴正方向的夹角为 45°。

【想一想】 以上 3 种常用的坐标定位方法，分别适用于什么情况下？

【练一练】

1. 设绘图界限为 1000mm×1000mm，灵活运用坐标输入法绘制一幅小屋的立面图，如图 2.2 所示。

操作步骤如下。

（1）设绘图区域大小为 1000mm×1000mm。

选择"格式→图形界限"菜单命令，命令提示为：

命令: _limits

重新设置模型空间界限:

指定左下角点或 [开(ON)/关(OFF)] <0.0000,0.0000>: 0,0

指定右上角点<420.0000,297.0000>: 1000,1000

（2）绘制屋顶闭合的三角形 *FEG*。

单击"直线"命令按钮 ╱，命令提示为:

命令: _line 指定第一点: 500,500

指定下一点或 [放弃(U)]: 200,400

指定下一点或 [放弃(U)]: @600,0

指定下一点或 [闭合(C)/放弃(U)]: c

（3）绘制矩形的屋身 *ABCD*。

单击"直线"命令按钮 ╱，命令提示为:

命令: _line 指定第一点: 300,400　　　　　　（确定点 *D*）

指定下一点或 [放弃(U)]: @0,–300　　　　　（确定点 *A*）

指定下一点或 [放弃(U)]: @400,0　　　　　　（确定点 *B*）

指定下一点或 [闭合(C)/放弃(U)]: @0,300　　　（确定点 *C*）

指定下一点或 [闭合(C)/放弃(U)]:　　　　　　（按回车键结束命令）

2．灵活运用坐标输入法绘制如图 2.3 所示的三角形。

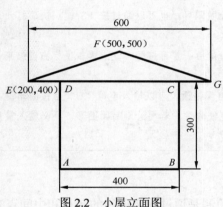

图 2.2　小屋立面图

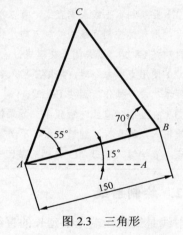

图 2.3　三角形

命令: _line 指定第一点:　　　　　　　　　　（单击屏幕上任意一点，确定点 *A*）

指定下一点或 [放弃(U)]: @150<15　　　　　（利用相对极坐标方法绘制线段 *AB*）

指定下一点或 [放弃(U)]: @150<125　　　　　（利用相对极坐标方法绘制线段 *BC*）

指定下一点或 [闭合(C)/放弃(U)]: c　　　　　（闭合图形）

提　示

根据已知条件，可以计算出∠*C* 为 55°，从而可知三角形 *ABC* 为等腰三角形。

2.2　绘　制　直　线

直线是构成图形实体最基本的元素，它包括直线、射线和构造线，下面分别予以介绍。

1. 绘制直线段

"直线"命令是绘图中最常用的命令。直线的绘制通过确定直线的起点和终点完成。对于首尾相连的折线，可以在一次直线命令中完成，上一段直线的终点是下一段直线的起点。本例为绘制首尾相连的垂直线和水平线。

【例 2.2】 打开状态栏的"正交"按钮，利用直线命令绘制如图 2.1 所示的矩形。

操作步骤如下。

（1）单击状态栏上的"正交"按钮，使该按钮处于使用状态。

（2）单击"直线"命令按钮 ，命令提示为：

命令: _line 指定第一点: 50,80

指定下一点或 [放弃(U)]: 100

指定下一点或 [放弃(U)]: 50

指定下一点或 [闭合(C)/放弃(U)]: 100

指定下一点或 [闭合(C)/放弃(U)]: c

> **提 示**
>
> （1）要绘制水平线或垂直线，可以单击状态栏上的"正交"按钮，使其处于使用状态。确定直线的起始点，用光标控制直线的绘制方向，再输入直线的长度即可。也可以通过按 F8 键，快速打开正交模式，再次按 F8 键，则关闭正交模式。
>
> （2）使用直线命令时，按顺序输入各个端点坐标，最后一步可按回车键或单击鼠标右键结束命令，若放弃本次命令操作，则按 Esc 键。
>
> （3）在绘制"直线"过程中，如果输入点的坐标出现错误，可以输入字母"U"后按回车键，撤销上一次输入点的坐标，继续输入，不必重新执行绘制直线命令。若要绘制封闭图形，不必输入最后一个封闭点，直接键入字母"C"，然后按回车键。

2. 绘制射线

射线是线段一端无限延长的直线。射线的绘制是通过确定射线的起点和中间点完成。

【例 2.3】 已知一个圆及圆外的任意一点 A，向圆作两条切线 AB 和 AC，如图 2.4 所示。

选择"绘图→射线"下拉菜单，命令提示为：

命令: _ray 指定起点: (<对象捕捉 开>利用捕捉工具，捕
                           捉圆外节点 A)

指定通过点: (捕捉圆的切点 B)

指定通过点: (捕捉圆的另一切点 C)

指定通过点: (单击鼠标右键结束)

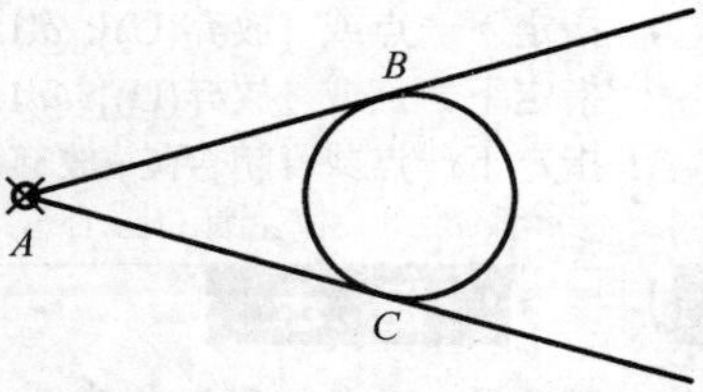

图 2.4 射线

> **提 示**
>
> （1）由于射线的一端是无限延长的，所以不能给射线进行线性标注。
>
> （2）激活一次射线命令，可以给出无数条经过某点的射线，直至按回车键或单击鼠标右键结束。

3. 绘制构造线

构造线是一条无限长的直线，它可以在屏幕上显示出来，但是不能打印出来，是绘图过程中重要的辅助工具。

【例2.4】 已知三角形 *ABC*，作∠*A* 的角平分线，如图2.5所示。

操作步骤如下。

单击"构造线"命令按钮 ，命令提示为：

命令: _xline 指定点或 [水平(H)/垂直(V)/角度(A)/二等分(B)/偏移(O)]: b

指定角的顶点: (Ctrl+右键，弹出"对象捕捉"快捷菜单，在菜单中选择"交点"命令按钮，然后鼠标移至∠*A* 附近，出现捕捉标志，单击鼠标左键确定，捕捉 *A* 点)

指定角的起点: (采用以上方法，捕捉 *B* 点)

指定角的端点: (采用以上方法，捕捉 *C* 点)

指定角的端点: (单击鼠标右键结束)

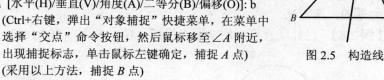

图2.5 构造线

提 示

（1）构造线的作用是在绘图过程中定位，不能打印。

（2）激活一次构造线命令可以给出无数条经过某点的构造线，直至按回车键或单击鼠标右键结束。

【想一想】

（1）如何通过下拉菜单"绘图→构造线"绘制∠*B* 和∠*C* 的角平分线？

（2）构造线除了可以绘制角平分线外，还有哪些用途？

2.3 绘 制 圆

圆是构成图形实体的基本元素。AutoCAD 提供了6种绘制圆的常用方法，下面分别予以介绍。

方法一：圆心、半径法。

【例2.5】 绘制圆心为（150,150），半径为100的圆。

单击"圆"命令按钮 ，命令提示为：

命令: _circle 指定圆的圆心或 [三点(3P)/两点(2P)/相切、相切、半径(T)]: 150,150

指定圆的半径或 [直径(D)]: 100

【想一想】 如何通过下拉菜单"绘图→圆→圆心、半径"来执行此命令？

方法二：圆心、直径法。

【例2.6】 绘制圆心为（150,150），直径为100的圆。

单击"圆"命令按钮 ，命令提示为：

命令: _circle 指定圆的圆心或 [三点(3P)/两点(2P)/相切、相切、半径(T)]: 150,150

指定圆的半径或 [直径(D)] <150.0000>: d

指定圆的直径<200.0000>: 100

【想一想】 如何通过下拉菜单"绘图→圆→圆心、直径"来执行此命令？

方法三： 三点法。

【例 2.7】 已知圆上的三点坐标（100,150）、（180,200）、（240,150），绘制圆如图 2.6 所示。

单击"圆"命令按钮 ，命令提示为：

命令：_circle 指定圆的圆心或 [三点(3P)/两点(2P)/相切、相切、半径(T)]: 3p

指定圆上的第一个点: 100,150

指定圆上的第二个点: 180,200

指定圆上的第三个点: 240,150

【想一想】 如何通过下拉菜单"绘图→圆→三点"来执行此命令？

方法四： 两点法。

【例 2.8】 已知圆直径上的二端点坐标（100,150）、（300,150），绘制圆如图 2.7 所示。

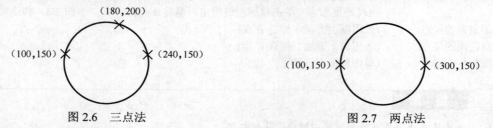

图 2.6　三点法　　　　　　　　　　图 2.7　两点法

单击"圆"命令按钮 ，命令提示为：

命令：_circle 指定圆的圆心或 [三点(3P)/两点(2P)/相切、相切、半径(T)]: 2p

指定圆直径的第一个端点: 100,150

指定圆直径的第二个端点: 300,150

【想一想】 如何通过下拉菜单"绘图→圆→两点"来执行此命令？

提　示

绘制圆时，采用"两点法"和"三点法"的区别在于："两点法"确定的两个点连成一条直线构成圆的直径；而"三点法"确定的 3 个点是不在同一条线上的 3 个点，它可以确定唯一一个圆。

方法五： 相切、相切、半径法。

【例 2.9】 已知圆一和圆二，绘制与已知两圆相切且半径为 50 的圆，如图 2.8 所示。

单击"圆"命令按钮 ，命令提示为：

命令：_circle 指定圆的圆心或 [三点(3P)/两点(2P)/相切、相切、半径(T)]: T

指定对象与圆的第一个切点:　　　　　　　（捕捉"圆一"的切点 A）

指定对象与圆的第二个切点:　　　　　　　（捕捉"圆二"的切点 B）

指定圆的半径 <198.3592>: 50

【想一想】 如何通过下拉菜单"绘图→圆→切点、切点、半径"来执行此命令？

提　示

在采用"切点、切点、半径"法绘制圆形时，如果输入的圆形半径太小，会造成 AutoCAD 无法绘制出圆形，此时，在命令行中提示：圆不存在，并退出命令。

方法六： 相切、相切、相切法。

【例 2.10】 绘制内切于三角形内的圆，如图 2.9 所示。

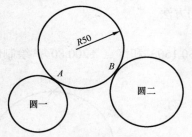

图 2.8　相切、相切、半径法

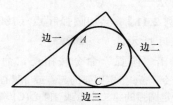

图 2.9　相切、相切、相切法

单击"圆"命令按钮 ⊘，命令提示为：

命令: _circle 指定圆的圆心或 [三点(3P)/两点(2P)/相切、相切、半径(T)]: 3p

指定圆上的第一个点：　　(捕捉"边一"的切点 A)

指定圆上的第二个点：　　(捕捉"边二"的切点 B)

指定圆上的第三个点：　　(捕捉"边三"的切点 C)

【想一想】　如何通过下拉菜单"绘图→圆→相切、相切、相切"来执行此命令？

 提　示

利用三角形 3 条边上的 3 个切点来定义一个圆，实际上是采用了不在一直线上的三点可唯一确定一个圆的原理，即"三点法"。

【练一练】　使用圆命令绘制以下图形，如图 2.10 所示。

操作步骤如下。

（1）绘制外圆，半径为 64。

（2）绘制同心的内圆，半径为 48。

（3）采用"两点法"绘制 4 个小圆，小圆直径的两端点在内、外两个大圆对应的四分之一点上。

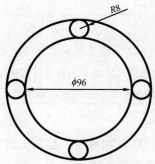

图 2.10　圆的综合应用

2.4　绘制圆弧

圆弧也是构成图形实体的基本元素。通过控制圆弧的起点、中间点、圆弧方向、圆弧所对应的圆心角、终点、弦长等参数，可以把握圆弧的形状和位置。AutoCAD 提供了 11

种绘制圆弧的方法，本节介绍 3 种常用的绘制圆弧的方法。

方法一：三点法。

【**例 2.11**】 已知圆弧起点（100,80）、中间点（150,150）和终点（200,80），绘制出圆弧如图 2.11 所示。

单击"圆弧"命令按钮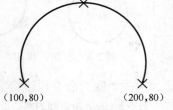，命令提示为：

命令: _arc 指定圆弧的起点或 [圆心(C)]: 100,80
指定圆弧的第二个点或 [圆心(C)/端点(E)]: 150,150
指定圆弧的端点: 200,80

【**想一想**】 如何通过下拉菜单"绘图→圆弧→三点法"来执行此命令？

图 2.11 三点法

方法二：起点、端点、半径法。

【**例 2.12**】 已知圆弧起点（100,100）、终点（220,100）及半径 90，绘制出圆弧如图 2.12 所示。

图 2.12 凹圆弧

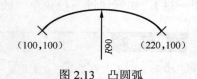

图 2.13 凸圆弧

单击"圆弧"命令按钮，命令提示为：

命令: _arc 指定圆弧的起点或 [圆心(C)]: 100,100
指定圆弧的第二个点或 [圆心(C)/端点(E)]: e
指定圆弧的端点: 220,100
指定圆弧的圆心或 [角度(A)/方向(D)/半径(R)]: r
指定圆弧的半径: 90

【**想一想**】 如何通过下拉菜单"绘图→圆弧→起点、端点、半径法"来执行此命令？

提 示

默认设置的圆弧正方向为逆时针方向，圆弧沿正方向从起点生成到终点。图 2.12 中圆弧起点（100,100）、终点（220,100），图形为凹圆弧。当输入起点（220,100），端点（100,100）时，图形为凸圆弧，如图 2.13 所示。所以，选取的始末点顺序不同时，将绘出不同弧形的圆弧。

方法三：起点、端点、角度法。

【**例 2.13**】 已知圆弧的起点、终点和角度，绘制出圆弧如图 2.14 所示。

单击"圆弧"命令按钮，命令提示为：

命令: _arc 指定圆弧的起点或 [圆心(C)]: 200,100
指定圆弧的第二个点或 [圆心(C)/端点(E)]: e
指定圆弧的端点: 100,100
指定圆弧的圆心或 [角度(A)/方向(D)/半径(R)]: a
指定包含角: 60

【**想一想**】

（1）如何通过下拉菜单"绘图→圆弧→起点、端点、角度"来执行此命令？

（2）绘制圆弧还可以采用哪些方法？

【练一练】

1. 利用圆弧工具绘制跑道，如图 2.15 所示。

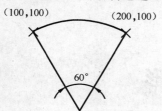

图 2.14 起点、端点、角度法

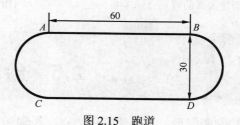

图 2.15 跑道

操作步骤如下。

（1）利用"直线"命令，绘制两条平行线 *AB* 和 *CD*。（方法略）

（2）绘制左边圆弧。

单击"圆弧"命令按钮 ，命令提示为：

命令: _arc 指定圆弧的起点或 [圆心(C)]:   （捕捉端点 *A*）

指定圆弧的第二个点或 [圆心(C)/端点(E)]: e

指定圆弧的端点: （捕捉端点 *C*）

指定圆弧的圆心或 [角度(A)/方向(D)/半径(R)]: r

指定圆弧的半径: 15

（3）绘制右边圆弧，方法同上。

提 示

（1）绘制右边圆弧时，注意选择好圆弧的起点和终点。

（2）后面要学习的"矩形"命令，也可以完成以上的绘图效果。

---

2. 利用圆弧及直线命令绘制挂钩，如图 2.16 所示。

注：*AB* 弧的圆心角为 180°

操作步骤如下。

（1）绘制左边圆弧 *AB*。

单击"圆弧"命令按钮，命令提示为：

命令: _arc 指定圆弧的起点或 [圆心(C)]: 50,180

指定圆弧的第二个点或 [圆心(C)/端点(E)]: e

指定圆弧的端点: 75,140

指定圆弧的圆心或 [角度(A)/方向(D)/半径(R)]: a

指定包含角: 180

（2）绘制直线 *BC*。

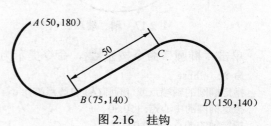

图 2.16 挂钩

单击"直线"命令按钮，命令提示为：

命令: _line 指定第一点: （按回车键，系统会以上一个图形的最后一点 *B* 为起点，进入弧线的切线生成状态）

直线长度: 50   （指定切线的长度）

指定下一点或 [放弃(U)]:   （按回车键结束直线命令）

（3）绘制右边圆弧 *CD*。

单击"圆弧"命令按钮，命令提示为：

命令: _arc 指定圆弧的起点或 [圆心(C)]:   (按回车键，系统则把刚绘制的线段 *BC* 的终点视为圆弧
                                       的起点，并将 *BC* 作为其切线)

指定圆弧的端点: 150,140   (指定圆弧的终点)

2.5 绘制椭圆形

绘制椭圆形，需要通过中心点、长轴和短轴 3 个参数来确定形状。当长轴与短轴相等时为圆。绘制椭圆形常用的方法有 3 种，下面分别叙述。

方法一：已知某一轴的两端点与另一轴的端点到椭圆中心的距离。

【例 2.14】 已知椭圆形一条轴的两端点分别为（100,80）和（200,80），另一轴的半径为 40，求椭圆形。如图 2.17 所示。

单击"椭圆"命令按钮 ⬭，命令提示为：

命令: _ellipse

指定椭圆的轴端点或 [圆弧(A)/中心点(C)]: 100,80

指定轴的另一个端点: 200,80

指定另一条半轴长度或 [旋转(R)]: 40

【想一想】 如何通过下拉菜单"绘图→椭圆→轴、端点"来执行此命令？

方法二：已知中心点及长轴与短轴的长度。

【例 2.15】 已知椭圆的中心（150,80），长轴为 50，短轴为 40，求椭圆。如图 2.18 所示。

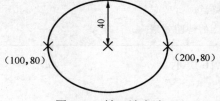

图 2.17 轴、端点法

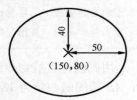

图 2.18 中心点法

单击"椭圆"命令按钮 ⬭，命令提示为：

命令: _ellipse

指定椭圆的轴端点或 [圆弧(A)/中心点(C)]: c

指定椭圆的中心点: 150,80

指定轴的端点: @50,0

指定另一条半轴长度或 [旋转(R)]: @0,40

【想一想】 如何通过下拉菜单"绘图→椭圆→中心点"来执行此命令？

方法三：指定旋转角度，绘制圆在投影面上的椭圆图形。

【例 2.16】 已知圆直径上的两端点坐标为（50,100）和（150,100），圆所在的平面与投影面形成的夹角为 45°（投影原理见图 2.19），求投影面上的椭圆。如图 2.20 所示。

单击"椭圆"命令按钮 ⬭，命令提示为：

命令: _ellipse

指定椭圆的轴端点或 [圆弧(A)/中心点(C)]: 50,100

指定轴的另一个端点: 150,100

指定另一条半轴长度或 [旋转(R)]: r
指定绕长轴旋转的角度: 45

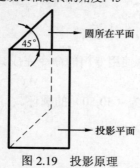

图 2.19　投影原理

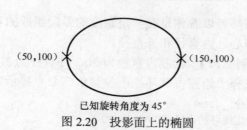

图 2.20　投影面上的椭圆

【想一想】

（1）如何通过下拉菜单"绘图→椭圆→轴、端点"来执行此命令？

（2）比较例 2.14 的绘制方法，找出相同点与不同点。

提　示

（1）绘制椭圆的投影角度范围为 0°～89.4°。当输入的旋转角为 0°时，生成圆形；当输入的旋转角为 90°时，理论上投影是一条直线，但系统视这种情况为不存在，提示：*无效*，同时退出命令。

（2）椭圆的实际应用并不多，常用于表示倾斜面上的圆在水平和竖直面上的投影。

【练一练】　绘制机械零件图形，如图 2.21 所示。

操作步骤如下。

（1）绘制椭圆。

单击"椭圆"命令按钮 ，命令提示为：

命令:_ellipse

指定椭圆的轴端点或 [圆弧(A)/中心点(C)]: c

指定椭圆的中心点:　　　　　　　　（屏幕上任意一点）

指定轴的端点: @24,0

指定另一条半轴长度或 [旋转(R)]: @0,12

（2）绘制圆。

单击"圆"命令按钮 ，命令提示为：

命令:_circle 指定圆的圆心或 [三点(3P)/两点(2P)/相切、相

切、半径(T)]:　　　　　　　　　　（捕捉椭圆圆心）

指定圆的半径或 [直径(D)]: 8

（3）绘制直线段 *AB*、*BC*、*CD*。

单击"直线"命令按钮 ，命令提示为：

命令:_line 指定第一点:　　　　　（捕捉椭圆的象限点）

指定下一点或 [放弃(U)]:　　　　　（<正交 开>，键入 39，确定点 *B*）

指定下一点或 [放弃(U)]: @15<-30　（确定点 *C*）

指定下一点或 [闭合(C)/放弃(U)]:　（捕捉椭圆的切点，确定点 *D*）

指定下一点或 [闭合(C)/放弃(U)]:　（按回车键结束）

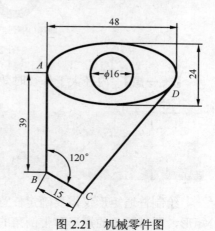

图 2.21　机械零件图

2.6 绘制圆环

圆环可以看作是有一定宽度的弧段组成的多线段，可以使用专门的命令完成。主要参数是圆心、内直径和外直径。

【例 2.17】 绘制内直径为 20、外直径为 30、圆心位置为（50,50）的圆环。

选择"绘图→圆环"下拉菜单，命令提示为：

命令: _donut
指定圆环的内径<20.0000>: 20
指定圆环的外径<30.0000>: 30
指定圆环的中心点或<退出>: 50,50
指定圆环的中心点或<退出>: 　　　　(按回车键或单击鼠标右键退出)

 提 示

　内径和外径是圆环的主要参数，内径通常小于外径。内外直径相等时，绘出圆；内径为 0 时，绘出填充的实心圆。3 种效果如图 2.22 所示。

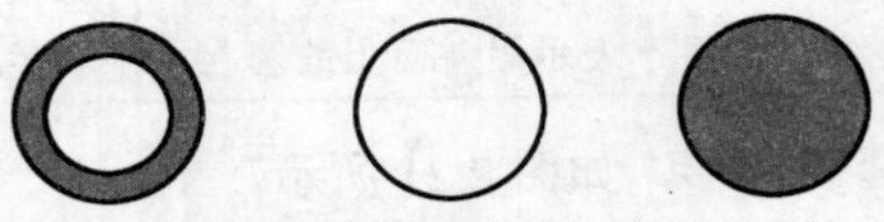

圆环（内径＜外径）　圆（内径＝外径）　实心圆（内径＝0）

图 2.22　圆环内径与外径的关系

【想一想】 内径大于外径时效果如何？

2.7 绘 制 矩 形

绘制普通矩形仅需要确定任意两个对角坐标的位置，而矩形命令还可以绘制两种特殊矩形，即带圆角的矩形和带倒角的矩形。

1. 带圆角的矩形

【例 2.18】 绘制长为 100，宽为 50，圆角半径为 10 的矩形，如图 2.23 所示。

单击"矩形"命令按钮 □，命令提示为：

命令: _rectang
当前矩形模式: 圆角=5.0000
指定第一个角点或 [倒角(C)/标高(E)/圆角(F)/厚度(T)/宽度(W)]: f(键入"f"参数)
指定矩形的圆角半径<5.0000>: 10
指定第一个角点或 [倒角(C)/标高(E)/圆角(F)/厚度(T)/宽度(W)]: (取屏幕上任意一点)
指定另一个角点或 [尺寸(D)]: @100,-50

【想一想】 如何通过下拉菜单"绘图→矩形"来执行此命令？

提 示

当输入的半径值大于矩形边长一半时，不会生成倒圆角；当半径值恰好等于一条边长的一半时，生成一个跑道形状，如图 2.24 所示。

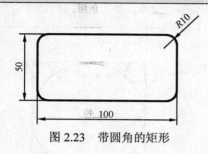

图 2.23 带圆角的矩形

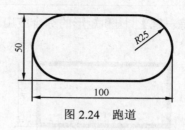

图 2.24 跑道

2. 带倒角的矩形

【例 2.19】 绘制长为 100，宽为 50，倒角距离为 10 的矩形，如图 2.25 所示。

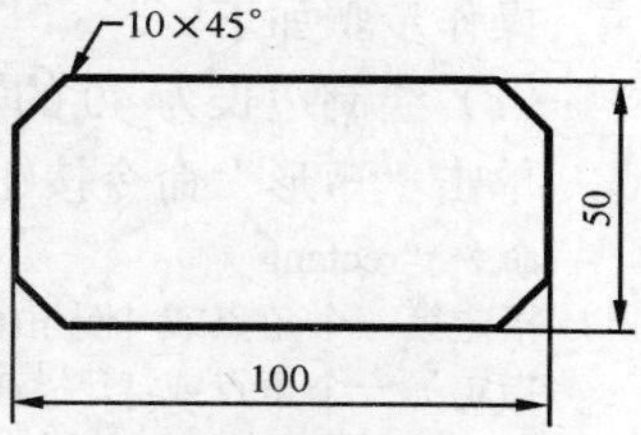

单击"矩形"命令按钮，命令提示为：

命令: _rectang
当前矩形模式: 圆角=25.0000
指定第一个角点或 [倒角(C)/标高(E)/圆角(F)/厚度(T)/宽度(W)]: c
指定矩形的第一个倒角距离<0.0000>: 10
指定矩形的第二个倒角距离<10.0000>: 10
指定第一个角点或 [倒角(C)/标高(E)/圆角(F)/厚度(T)/宽度(W)]: (单击屏幕上任意一点)
指定另一个角点或 [尺寸(D)]: @100,-50

图 2.25 带倒角的矩形

【想一想】 如何通过下拉菜单"绘图→矩形"来执行此命令？

提 示

设置倒角距离后，第2次调用矩形命令时，系统会保留上一次设置的倒角距离，需要观察命令提示行。此外，设置第二个倒角时，系统默认与第一个倒角距离相等。可以人工修改第二个倒角距离，默认时直接按回车键即可。

输入的倒角距离为 0 时，绘制没有倒角的普通矩形；如果输入的倒角距离大于矩形边长，命令将不执行。

3. 带宽度的矩形

【例 2.20】 绘制长为 100、宽为 50、线宽度为 3 的矩形，如图 2.26 所示。
操作步骤如下。

单击"矩形"命令按钮，命令提示为：

命令: _rectang
指定第一个角点或 [倒角(C)/标高(E)/圆角(F)/厚度(T)/宽度(W)]: w

指定矩形的线宽<10.0000>: 3
指定第一个角点或 [倒角(C)/标高(E)/圆角(F)/厚度(T)/宽度(W)]: (单击屏幕上任意一点)
指定另一个角点或 [尺寸(D)]: @100,-50

【想一想】 如何通过下拉菜单"绘图→矩形"来执行此命令？

提 示

矩形命令还有"标高、厚度"的设置，这是三维绘制中的命令参数，暂不介绍。

【练一练】 圆和矩形的综合应用，如图 2.27 所示。

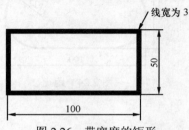

图 2.26　带宽度的矩形

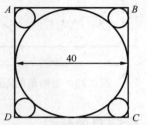

图 2.27　圆和矩形的综合应用

操作步骤如下。

（1）绘制边长为 40 的矩形。

单击"矩形"命令按钮 □，命令提示为：

命令: _rectang
指定第一个角点或 [倒角(C)/标高(E)/圆角(F)/厚度(T)/宽度(W)]: (单击屏幕上任意一点)
指定另一个角点或 [尺寸(D)]: @40,-40

（2）利用两点法绘制中间的大圆。

单击"圆"命令按钮 ⊘，命令提示为：

命令: _circle 指定圆的圆心或 [三点(3P)/两点(2P)/相切、相切、半径(T)]: 2p
指定圆直径的第一个端点:　　　　　　　　　　　　(捕捉 AD 边的中间点)
指定圆直径的第二个端点:　　　　　　　　　　　　(捕捉 BC 边的中间点)

（3）使用相切、相切、相切法绘制小圆。

单击"圆"命令按钮 ⊘，命令提示为：

命令: _circle 指定圆的圆心或 [三点(3P)/两点(2P)/相切、相切、半径(T)]: 3p
指定圆上的第一个点:　　　　　　　　　　　　　　(捕捉切点)
指定圆上的第二个点:　　　　　　　　　　　　　　(捕捉切点)
指定圆上的第三个点:　　　　　　　　　　　　　　(捕捉切点)

（4）其他 3 个小圆按步骤（3）的方法绘制。

2.8　绘制正多边形

正多边形是各边相等且相邻边夹角也相等的多边形。绘制正多边形的命令可以控制多边形的边数（边数取值为 3～1 024）、内接圆或外切圆的半径大小。

方法一：内接圆法。

【例 2.21】 在半径为 60 的圆内绘制六角螺母（六角螺母为标准的正六边形），如图 2.28 所示。

单击"正多边形"命令按钮 ⬠，命令提示为：

命令: _polygon 输入边的数目<6>: 6

指定正多边形的中心点或 [边(E)]:   (捕捉圆心)

输入选项 [内接于圆(I)/外切于圆(C)]<I>: i

指定圆的半径: 60

【想一想】 如何通过下拉菜单"绘图→正多边形"来执行此命令？

方法二：外切圆法。

【例 2.22】 在半径为 60 的圆外绘制六角螺母（六角螺母为标准的正六边形），如图 2.29 所示。

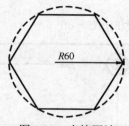

图 2.28　内接圆法

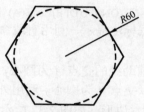

图 2.29　外切圆法

单击"正多边形"命令按钮 ⬠，命令提示为：

命令: _polygon 输入边的数目<6>: 6

指定正多边形的中心点或 [边(E)]:   (捕捉圆心)

输入选项 [内接于圆(I)/外切于圆(C)]<I>: c

指定圆的半径: 60

【想一想】

（1）如何通过下拉菜单"绘图→正多边形"来执行此命令？

（2）内接多边形法与外切多边形法的控制点有什么不同？

提　示

比较两种绘制正多形的方法，可以发现正多边形的方向控制点规律为：用"内接圆法"时（I 参数），控制点为正多边形的某角点；用"外切圆法"时（C 参数），控制点为正多边形的某边中点。

方法三：边长法。

【例 2.23】 绘制边长为 60 的标准正六边形，如图 2.30 所示。

单击"正多边形"命令按钮 ⬠，命令提示为：

命令: _polygon 输入边的数目<6>: 6

指定正多边形的中心点或 [边(E)]: e

指定边的第一个端点: (屏幕上任意一点)

指定边的第二个端点: @60,0

【想一想】 如何通过下拉菜单"绘图→正多边形"来执行此命令？

【练一练】 如图 2.31 所示，钢板上用 4 颗六角螺母固定，下面来绘制钢板和螺母。

图 2.30　边长法

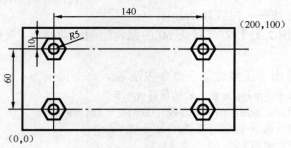

图 2.31　钢板和螺母

操作步骤如下。

（1）根据已知坐标点，绘制矩形。

（2）隐藏世界坐标系。

命令：ucsicon

输入选项 [开(ON)/关(OFF)/全部(A)/非原点(N)/原点(OR)/特性(P)]<开>: off

（3）根据标注提示，利用直线命令，绘制 4 条辅助线。

（4）以辅助线的交点 A 为圆心，绘制半径为 5 的圆；同样以交点 A 为圆心，利用外切圆法，绘制半径为 10 的六边形，如图 2.32 所示。

（5）按步骤（4）的方法，继续在交点 B、C、D 上绘制螺母。

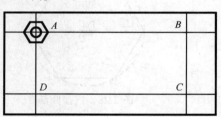

图 2.32　在交点 A 处绘制螺母

2.9　点 的 绘 制

将直线或圆弧等分时，需要保留等分点，这时就需要创建点对象。

1. 绘制单独点

【例 2.24】　在屏幕坐标位置（300,100）绘制点，并用符号"×"表示。

操作步骤如下。

（1）为查看和区分点，绘制点之前应先定义点的样式。执行下拉菜单"格式→点样式"，进入如图 2.33 所示的"点样式"对话框，选择一种点的样式。

（2）单击"点"命令按钮　，命令提示为：

命令：_point

当前点模式：PDMODE=3　PDSIZE=0.0000

指定点：300,100

【想一想】　如何通过下拉菜单"绘图→点→单点"来执行此命令？

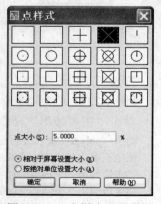

图 2.33　"点样式"对话框

点的样式有多种，选择合适的点样式，可以方便图形的绘制。

2. 绘制等分点

【例 2.25】 将一条直线四等分，如图 2.34 所示。

选择"绘图→点→定数等分"下拉菜单，命令提示为：

命令：_divide
选择要定数等分的对象：   (拾取直线实体)
输入线段数目或 [块(B)]：4

点命令使用频率不高，等分图形是其非常重要的应用。需要注意的是，辅助点在用后应立即删除，否则将影响图纸打印效果。

3. 绘制等距点

【例 2.26】 已知一条直线，以左端点为起点，每隔 60 个单位，作一个点标记，如图 2.35 所示。

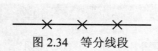

图 2.34 等分线段

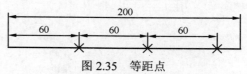

图 2.35 等距点

选择"绘图→点→定距等分"下拉菜单，命令提示为：

命令：_measure
选择要定距等分的对象：   (靠近左端点，拾取直线)
指定线段长度或 [块(B)]：60

等距点不均分实体。注意拾取实体时，光标应靠近开始等距的起点！

【想一想】 如果将图 2.35 所示的直线，从右边每隔 60 个单位开始，定距等分对象，应如何操作？

【练一练】 利用等分点绘制如下图案，如图 2.36 所示。
操作步骤如下。
（1）绘制外圆，并进行等分 8 份。
（2）绘制内圆，并进行等分 16 份。
（3）对等分点进行连线。
（4）删除等分的辅助点。

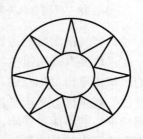

图 2.36 利用等分点绘制图案

2.10 区域填充

剖视图经常用于表达内部结构。剖视图中剖切的断面称为剖面。国标规定绘出剖面线以区分剖面和非剖面。图案填充命令可以绘出剖面线。

【例 2.27】 对闭合图形绘制剖视图，如图 2.37 所示。

操作步骤如下。

（1）设置图案填充类型。

选择"绘图→图案填充"菜单命令或单击"图案填充"命令按钮，弹出"图案填充和渐变色"对话框，如图 2.38 所示。在"类型和图案"选项组中，单击"图案"右面的按钮，弹出"填充图案选项板"对话框，单击"ANSI"选项卡，如图 2.39 所示。选择所需要的剖面线，单击"确定"按钮返回"图案填充和渐变色"对话框。

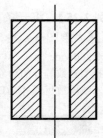

图 2.37　闭合图形的区域填充

图 2.38　"图案填充和渐变色"对话框

图 2.39　"填充图案选项板"对话框

（2）定义剖面线的边界。

在"边界"选项组中，单击"添加：拾取点"按钮，对话框暂时隐去，在要打剖面线的区域内单击鼠标左键，边界变虚，完成选择边界，按回车键确定。返回"图案填充和渐变色"对话框，单击"预览"按钮，观察剖面线是否满足要求。若满足要求，单击鼠标右键结束；若不满足要求，按 Esc 键，返回"图案填充和渐变色"对话框，修改"角度和比例"选区中的各参数。

（1）修改"比例"数值，用于调节剖面线的疏密；修改"角度"数值，用于改变剖面线的方向。

（2）比例与图形的关系是：比例越大，填充图案越疏；比例越小，填充图案越密。进行填充操作时，比例的选择非常重要。通常情况下，不能一次选定合适的比例，需要结合预览功能，多次调试后得到符合条件的填充效果。

【想一想】 如果对边界不封闭的图形进行填充时，如何操作？

【例2.28】 对边界不封闭的图形绘制剖视图，如图2.40所示。

（1）设置图案填充类型。

步骤同例2.27的（1）。

（2）定义剖面线的边界。

在"图案填充和渐变色"对话框中，单击"边界"选项组中的"添加：选择对象"按钮，再用鼠标拾取两条边界线，边界变虚，完成选择边界，按回车键确定。然后按照"闭合图形填充"步骤操作即可。

在"图案填充和渐变色"对话框的"边界"选项组中，选择"添加：拾取点"按钮所确定的填充区域，必须是封闭的；若填充区域不封闭，则选择"添加：选择对象"按钮来确定边界。

【练一练】 设绘图区域大小为1000mm×1000mm，为小屋添加窗户和门，并对窗框、玻璃和门进行区域填充。如图2.41所示。

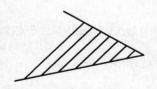

图2.40 边界不封闭的区域填充

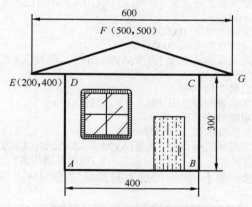

图2.41 对门窗进行区域填充

操作步骤如下。

（1）为小屋添加门和窗（提示：窗是由正多边形构成；门是由3条直线首尾相连而成）。

（2）对窗框和玻璃进行闭合图形的区域填充。

（3）对门进行边界不闭合的区域填充。

2.11 绘制多段线

多段线是由若干直线和圆弧连接而成的折线或曲线，是常用的实体之一。整条多段线作为一个实体，可以包含若干条直线或弧，统一进行编辑。多段线中各段线条还可以有不同的线宽，非常有利于绘图。

【例 2.29】 绘制由直线 AB、圆弧 BC 和圆弧 CD 构成的多段线，如图 2.42 所示。

操作步骤如下。

单击"多段线"命令按钮 ⤶，命令提示为：

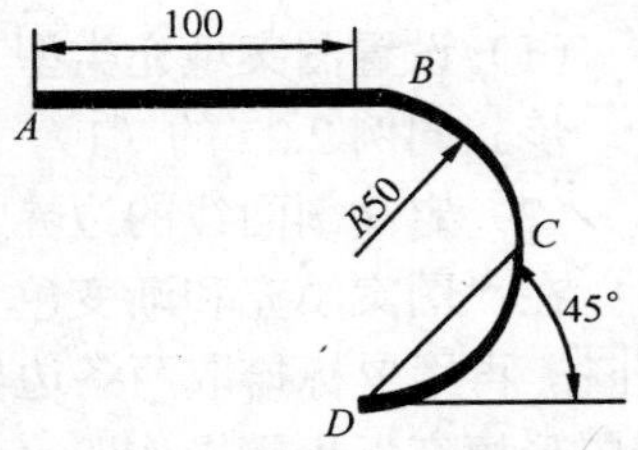

命令: _pline

指定起点:　　　　　　　　　　　　　(在屏幕上任意一点)

指定下一个点或 [圆弧(A)/半宽(H)/长度(L)/放弃(U)/宽度(W)]: w

指定起点宽度<0.0000>: 5

指定端点宽度<5.0000>: 5

指定下一个点或 [圆弧(A)/半宽(H)/长度(L)/放弃(U)/宽度(W)]: @100,0

指定下一点或 [圆弧(A)/闭合(C)/半宽(H)/长度(L)/放弃(U)/宽度(W)]: w

指定起点宽度<5.0000>:　　　　　　　(取默认值 5，直接按回车键)

指定端点宽度<5.0000>: 0

指定下一点或 [圆弧(A)/闭合(C)/半宽(H)/长度(L)/放弃(U)/宽度(W)]: a

指定圆弧的端点或 [角度(A)/圆心(CE)/闭合(CL)/方向(D)/半宽(H)/直线(L)/半径(R)/第二个点(S)/放弃(U)/宽度(W)]: a

指定包含角: −90

指定圆弧的端点或 [圆心(CE)/半径(R)]: r

指定圆弧的半径: 50

指定圆弧的弦方向<0>: −45

指定圆弧的端点或 [角度(A)/圆心(CE)/闭合(CL)/方向(D)/半宽(H)/直线(L)/半径(R)/第二个点(S)/放弃(U)/宽度(W)]: w

指定起点宽度<0.0000>:

指定端点宽度<0.0000>: 5

指定圆弧的端点或 [角度(A)/圆心(CE)/闭合(CL)/方向(D)/半宽(H)/直线(L)/半径(R)/第二个点(S)/放弃(U)/宽度(W)]: a

指定包含角: −90

指定圆弧的端点或 [圆心(CE)/半径(R)]: r

指定圆弧的半径: 50

指定圆弧的弦方向<270>: 225

指定圆弧的端点或 [角度(A)/圆心(CE)/闭合(CL)/方向(D)/半宽(H)/直线(L)/半径(R)/第二个点(S)/放弃(U)/宽度(W)]:　　　　(按回车键结束)

图 2.42　多段线

【想一想】 如何通过下拉菜单"绘图→多段线"来执行此命令？

提　示

（1）实际绘图中，多段线主要用于绘制有一定宽度的直线、指针和箭头。

（2）绘制圆弧时，应注意以下参数。

① 圆弧包含的角：指圆弧两端点与圆心连线所形成的角度，其方向与圆弧的起点和终点相关。

② 圆弧的半径：圆心到圆弧的距离。

③ 圆弧的弦方向：指圆弧两端点的连线与 X 轴正方向所形成的夹角。

【练一练】 利用多段线命令绘制仪表,如图2.43所示。

操作步骤如下。

(1)绘制仪表的外框。

单击"多段线"命令按钮 ↲,命令提示为:

命令:_pline

指定起点: (单击任意一点,作为起点A)

当前线宽为 0.0000

指定下一个点或 [圆弧(A)/半宽(H)/长度(L)/放弃(U)/宽度(W)]: w

指定起点宽度 <3.0000>: 3

指定端点宽度 <3.0000>: 3

指定下一个点或 [圆弧(A)/半宽(H)/长度(L)/放弃(U)/宽度(W)]:

　　　　　　　　　　　　　　　　　　(单击任意一点,作为直线的末点B)

指定下一点或 [圆弧(A)/闭合(C)/半宽(H)/长度(L)/放弃(U)/宽度(W)]: a

指定圆弧的端点或 [角度(A)/圆心(CE)/闭合(CL)/方向(D)/半宽(H)/直线(L)/半径(R)/第二个点(S)/放弃(U)/宽度(W)]: ce

指定圆弧的圆心: (捕捉直线AB的中点)

指定圆弧的端点或 [角度(A)/长度(L)]: (单击直线端点A)

指定圆弧的端点或 [角度(A)/圆心(CE)/闭合(CL)/方向(D)/半宽(H)/直线(L)/半径(R)/第二个点(S)/放弃(U)/宽度(W)]: (按回车键结束)

(2)绘制指针。

单击"多段线"命令按钮 ↲,命令提示为:

命令:_pline

指定起点: (捕捉直线AB的中点C)

当前线宽为 3.0000

指定下一个点或 [圆弧(A)/半宽(H)/长度(L)/放弃(U)/宽度(W)]: w

指定起点宽度 <3.0000>: 8

指定端点宽度 <8.0000>: 0

指定下一个点或 [圆弧(A)/半宽(H)/长度(L)/放弃(U)/宽度(W)]:

　　　　　　　　　　　　　　　　　　(在适当位置单击,作为指针的末端)

指定下一点或 [圆弧(A)/闭合(C)/半宽(H)/长度(L)/放弃(U)/宽度(W)]: (按回车键结束)

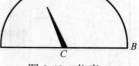

图2.43 仪表

2.12 绘制与编辑多线

多线是一种由多条平行线组成的组合对象,平行线之间的间距和数目是可以调整的。多线常用于绘制建筑图中的墙体、电子线路图等平行线对象。

【例2.30】 绘制一个矩形,在矩形中心绘制两条相交的多线,多线类型为3线,且中间的线段为"红色的虚线",两相交多线在中间断开。矩形及多线的单位长度如图2.44所示。

操作步骤如下。

(1)绘制矩形,并将矩形的长、短边每隔10个单位作一个点标记,如图2.45所示。

(2)修改多线样式。

① 选择"格式→多线样式"菜单命令,弹出"多线样式"对话框,如图2.46所示。

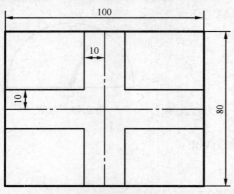

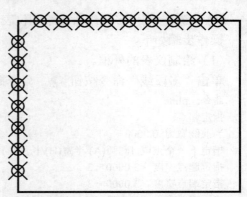

图 2.44　绘制与编辑多线　　　　　　　　　　图 2.45　对长、短边作标记

② 单击对话框中的"修改"按钮，弹出"修改多线样式：STANDARD"对话框，如图 2.47 所示。

图 2.46　"多线样式"对话框　　　　　　　图 2.47　"修改多线样式：STANDARD"对话框

③ 修改对话框中的参数。在"说明"文本框中输入说明信息为"3 线"；修改"图元"选项区，单击"添加"按钮，加入一个偏移量为 0 的新线条元素，修改其颜色为"红色"，线型为"ACAD_IS002W100"；分别单击 0.5 和–0.5 线条，修改其偏移量分别为"10"和"–10"，如图 2.48 所示。

图 2.48　修改参数

（3）绘制多线，如图 2.49 所示。

选择"绘图→多线"菜单命令，命令提示为：

命令：_mline

当前设置：对正 = 上，比例 = 20.00，样式 = STANDARD

指定起点或 [对正(J)/比例(S)/样式(ST)]：s　　　　（键入修改比例参数）

输入多线比例 <20.00>：1　　　　　　　　　　　（比例参数为"1"）

指定起点或 [对正(J)/比例(S)/样式(ST)]：　　　　　（捕捉相应的节点作为起点）

指定下一点：　　　　　　　　　　　　　　　　　（捕捉垂足）

指定下一点或 [放弃(U)]：　　　　　　　　　　　（单击鼠标右键结束）

（4）编辑多线。选择"修改→对象→多线"菜单命令，弹出"多线编辑工具"对话框，如图 2.50 所示。单击"十字合并"选项，系统返回图形编辑页面，利用鼠标选择需要编辑的多线，完毕后单击鼠标右键结束选择。被选中的多线则按所设置的线型自动重新生成，如图 2.51 所示。

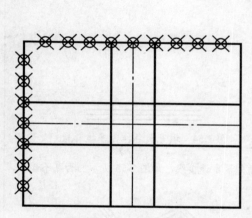

图 2.49　绘制多线

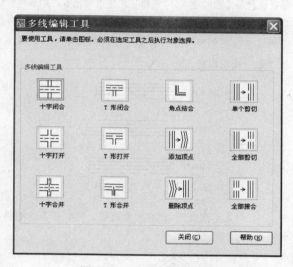

图 2.50　"多线编辑工具"对话框

（5）隐藏点。选择"格式→点样式"菜单命令，弹出"点样式"对话框，选择"无点样式"选项，将点隐藏，如图 2.52 所示。

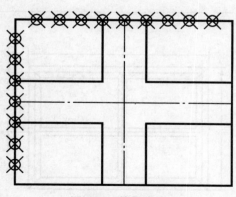

图 2.51　编辑多线

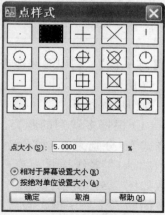

图 2.52　隐藏点

（1）若在同一张图中，有不同的多线样式，则需先在"多线样式"对话框中新建多线样式并进行多线参数的设置，然后再在绘制多线时，调用不同的多线样式。

（2）设置多线之间的距离时，注意系统默认的比例 20：1，即两线之间的距离若设为 2，则实际画出来的两线距离为 2×20=40。

（3）在"修改多线样式"对框话框中，各选项的功能如下。

① "说明"文本框：用于输入多线样式的说明信息。

② "封口"选项区域：用于控制多线起点和端点处的样式。其中，"直线"穿过整个多线的端点；"外弧"连接最外层元素的端点；"内弧"连接成对元素，如果有奇数个元素，则中心线不相连。如图 2.53 所示。

③ "填充"选项区域：用于设置是否填充多线的背景。可以从"填充颜色"下拉列表框中选择所需的填充颜色作为多线的背景，如图 2.54 所示。如果不使用填充色，则在"填充颜色"下拉列表框中选择"无"选项即可。

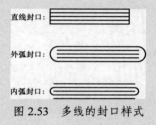

图 2.53　多线的封口样式

图 2.54　填充黄色作为多线背景

④ "显示连接"：选中该复选框，可以在多线的拐角处显示连接线，如图 2.55 所示；否则不显示，如图 2.56 所示。

图 2.55　显示连接线图

图 2.56　不显示连接线

⑤ "图元"选项区域：用于设置多线样式的元素特性，包括多线的线条数目、每条线的颜色和线型等特性。

【练一练】　利用多线命令绘制窗户，如图 2.57 所示。

操作步骤如下。

（1）根据多线间的距离，新建两组"多线样式"，分别为"A1"、"A2"，如图 2.58 所示。"A1"多线样式为窗户的外框，设置参数如图 2.59 所示；"A2"多线样式为窗户中间的"十"字框，设置参数如图 2.60 所示。

图 2.57　窗户效果图

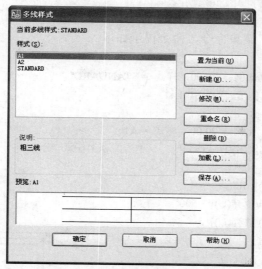

图 2.58 新建"多线样式"

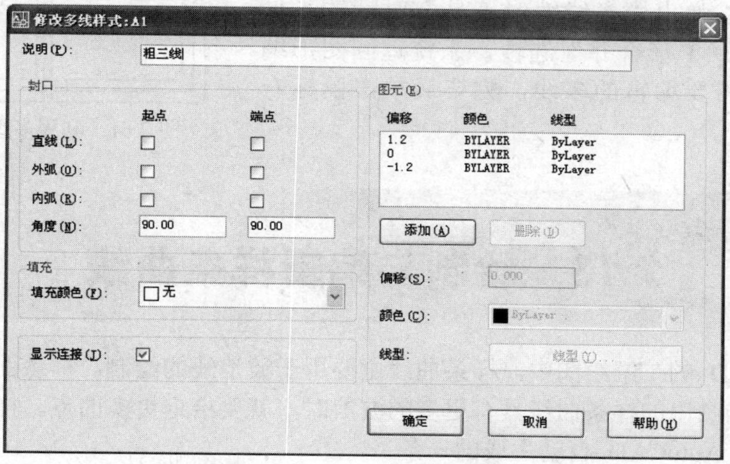

图 2.59 "A1"多线样式

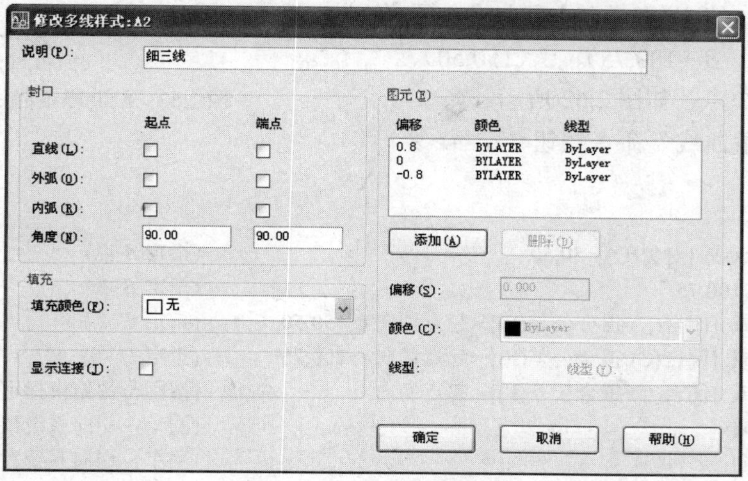

图 2.60 "A2"多线样式

（2）绘制窗户外框。

选择"绘图→多线"菜单命令，命令提示如下：

命令: _mline

当前设置: 对正 = 上，比例 = 20.00，样式 = STANDARD

指定起点或 [对正(J)/比例(S)/样式(ST)]: st

输入多线样式名或 [?]: a1

当前设置: 对正 = 上，比例 = 20.00，样式 = A1

指定起点或 [对正(J)/比例(S)/样式(ST)]:　　(单击屏幕上任意一点)

指定下一点: <正交 开> 500

指定下一点或 [放弃(U)]: 700

指定下一点或 [闭合(C)/放弃(U)]: −500

指定下一点或 [闭合(C)/放弃(U)]: c

（3）绘制窗户中间的"十"字框线，参考"步骤（2）"的方法，效果如图 2.61 所示。

（4）对多线进行编辑。选择"修改→对象→多线"菜单命令，弹出"多线编辑工具"对话框（见图 2.50）。单击"T 形合并"选项，系统返回图形编辑页面，选择需要编辑的多线，完毕后单击鼠标右键结束选择。

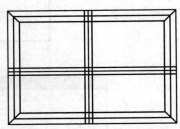

图 2.61　利用多线绘制窗户

2.13　绘制与编辑样条曲线

在 AutoCAD 的二维绘图中，样条曲线主要用于波浪线的绘制。样条曲线必须给定 3 个以上的点，当画出的样条曲线具有更多的波浪时，就要给定更多的点。样条曲线是由用户给定若干点，AutoCAD 自动生成的一条光滑曲线。

【例 2.31】绘制样条曲线，且曲线必须通过 A（50,50）、B（100,75）、C（150,50）、D（200,75）4 个点，如图 2.62 所示。

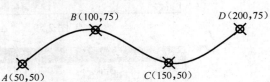

图 2.62　绘制样条曲线

单击"样条曲线"命令按钮 ∿，命令提示为：

命令: _spline

指定第一个点或 [对象(O)]: 50,50　　　　　　　　　　　（指定 A 点）

指定下一点: 100,75　　　　　　　　　　　　　　　　　（指定 B 点）

指定下一点或 [闭合(C)/拟合公差(F)] <起点切向>: 150,50　　（指定 C 点）

指定下一点或 [闭合(C)/拟合公差(F)] <起点切向>: 200,75　　（指定 D 点）

指定下一点或 [闭合(C)/拟合公差(F)] <起点切向>:　　　　　（按回车键结束指定点）

指定起点切向:　　　　　　　　　　　　　　　　　　　（回车，切向系统默认方向）

指定端点切向:　　　　　　　　　　　　　　　　　　　（回车，切向系统默认方向）

（1）"样条曲线"命令选项功能如下。

① 闭合：绘出一条封闭的样条曲线。

② 拟合公差：当拟合公差的值为零时，样条曲线严格通过用户指定的每一点；当拟合公差的值不为零时，AutoCAD绘制出的样条曲线并不通过用户指定的每一点，而是自动拟合生成一条圆滑的样条曲线，拟合公差值是生成的样条曲线与用户指定点之间的最大距离，如图2.63所示。

③ 起点（端点）切向：在该提示下直接输入表示切线方向的角度值，或者通过移动鼠标方法来确定样条曲线起点（端点）处的切线方向，即单击拾取一点，以样条曲线起点（端点）到该点的连线作为起点（端点）的切向。若直接按回车键，切向为系统默认方向。

（2）编辑样条曲线。

方法一：双击样条曲线，或选择"修改→对象→样条曲线"菜单命令后选中样条曲线，在曲线周围将显示控制点，然后通过命令对控制点的操作，来编辑样条曲线。

方法二：单击样条曲线，在曲线周围显示蓝色的属性点，称为"夹持点"，单击"夹持点"，被选中的"夹持点"显示为红色，移动鼠标可以改变曲线的形状，如图2.64所示。

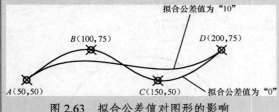

图2.63 拟合公差值对图形的影响

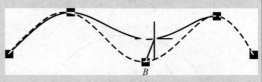

图2.64 移动"夹持点B"的位置

【练一练】 绘制如图2.65所示的雨伞。

操作步骤如下。

（1）绘制圆弧，如图2.66所示。

图2.65 绘制雨伞

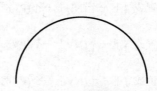

图2.66 绘制圆弧

单击"圆弧"命令按钮 ⌒，命令提示为：

命令：_arc 指定圆弧的起点或 [圆心(C)]： （单击屏幕上任意一点）

指定圆弧的第二个点或 [圆心(C)/端点(E)]：e

指定圆弧的端点：@800,0

指定圆弧的圆心或 [角度(A)/方向(D)/半径(R)]：a

指定包含角：-180

（2）利用直线命令，绘制矩形。

命令: _line 指定第一点:　　　　　　　　　　（捕捉圆弧的左端点）

指定下一点或 [放弃(U)]:　　　　　　　　　　（捕捉圆弧的右端点）

指定下一点或 [放弃(U)]: <正交 开>50

指定下一点或 [闭合(C)/放弃(U)]: 800

指定下一点或 [闭合(C)/放弃(U)]: c

（3）矩形的长边等分 6 等份，如图 2.67 所示。

（4）单击"样条曲线"命令按钮 ∼，以左端点 A 为起点，并依次捕捉节点 B、C、D、E、F、G，如图 2.68 所示，最后连续按两次 Enter 键结束。

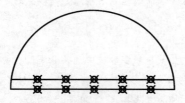
图 2.67　绘制矩形并等分长边

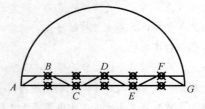
图 2.68　绘制样条曲线

（5）绘制圆弧 OB，如图 2.69 所示。

① 单击"样条曲线"命令按钮 ∼，绘制线段 OB，如图 2.70 所示。

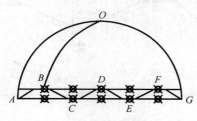
图 2.69　绘制圆弧 OB

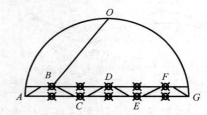
图 2.70　绘制样条曲线 OB

② 编辑线段 OB。

鼠标双击线段 OB，命令提示为:

命令: _splinedit

输入选项 [拟合数据(F)/闭合(C)/移动顶点(M)/精度(R)/反转(E)/放弃(U)]: m

指定新位置或 [下一个(N)/上一个(P)/选择点(S)/退出(X)] <下一个>: n

　　　　　　　　　　　　　　　（下移一个节点）

指定新位置或 [下一个(N)/上一个(P)/选择点(S)/退出(X)] <下一个>:

　　　　　　　　　　　　　　　（利用鼠标拖曳节点，令线段为平滑弧形）

指定新位置或 [下一个(N)/上一个(P)/选择点(S)/退出(X)] <下一个>: n

　　　　　　　　　　　　　　　（继续下移一个节点）

指定新位置或 [下一个(N)/上一个(P)/选择点(S)/退出(X)] <下一个>:

　　　　　　　　　　　　　　　（利用鼠标拖曳节点，令线段为平滑弧形）

指定新位置或 [下一个(N)/上一个(P)/选择点(S)/退出(X)] <下一个>: x

输入选项 [闭合(C)/移动顶点(M)/精度(R)/反转(E)/放弃(U)/退出(X)] <退出>: x

（6）其他弧线的绘制方法如步骤（5），效果如图 2.71 所示。

（7）删除矩形辅助框，隐藏节点，效果如图 2.72 所示。

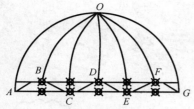

图2.71 绘制其他样条曲线

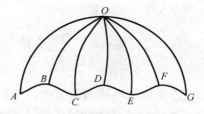

图2.72 删除矩形辅助框，隐藏节点

（8）绘制伞顶，如图2.73所示。

单击"多段线"命令按钮 ↩，命令提示为：

命令：_pline

指定起点：(捕捉半圆形的顶点O)

指定下一个点或 [圆弧(A)/半宽(H)/长度(L)/放弃(U)/宽度(W)]: w

指定起点宽度 <4.0000>: 10

指定端点宽度 <10.0000>: 5

指定下一个点或 [圆弧(A)/半宽(H)/长度(L)/放弃(U)/宽度(W)]: @0,50

指定下一点或 [圆弧(A)/闭合(C)/半宽(H)/长度(L)/放弃(U)/宽度(W)]: (按回车键结束)

（9）绘制伞把，如图2.74所示。

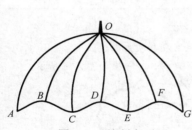

图2.73 绘制伞顶

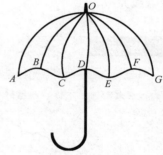

图2.74 绘制伞把

单击"多段线"命令按钮 ↩，命令提示为：

命令：_pline

指定起点：(捕捉样条曲线中点D)

指定下一个点或 [圆弧(A)/半宽(H)/长度(L)/放弃(U)/宽度(W)]: w

指定起点宽度 <15.0000>: 15

指定端点宽度 <15.0000>: 15

指定下一个点或 [圆弧(A)/半宽(H)/长度(L)/放弃(U)/宽度(W)]: @0,−400

指定下一点或 [圆弧(A)/闭合(C)/半宽(H)/长度(L)/放弃(U)/宽度(W)]: a

指定圆弧的端点或

[角度(A)/圆心(CE)/闭合(CL)/方向(D)/半径(R)/第二个点(S)/放弃(U)/宽度(W)]: a

指定包含角：−180

指定圆弧的端点或 [圆心(CE)/半径(R)]: r

指定圆弧的半径：100

指定圆弧的弦方向 <270>: −180

指定圆弧的端点或

[角度(A)/圆心(CE)/方向(D)/半径(R)/第二个点(S)/放弃(U)/宽度(W)]: (按回车键结束)

2.14 修订云线

在检查或用红线圈阅图形时，可以使用修订云线功能。修订云线命令用于创建由连续圆弧组成的多段线以构成云线形对象。

【例 2.32】 以"普通"样式创建最小弧长为 60，最大弧长为 80 的云线，如图 2.75 所示。

单击"修订云线"命令按钮 ，命令提示为：

命令: _revcloud
最小弧长: 15　最大弧长: 15　样式: 普通
指定起点或 [弧长(A)/对象(O)/样式(S)] <对象>: a　　　（设置弧长）
指定最小弧长 <20>: 60
指定最大弧长 <45>: 80
指定起点或 [弧长(A)/对象(O)/样式(S)] <对象>:　　（单击屏幕上任意一点为起点）
沿云线路径引导十字光标...　　　　　　　　（沿着云线路径移动"十"字光标）
修订云线完成。

图 2.75 　"普通"样式绘制的云线

提示

（1）闭合云线，则移动十字光标返回它的起点，系统会自动封闭云线。

（2）云线有两种的显示样式，包括"普通"和"手绘"两种，其效果如图 2.76 所示。

（a）"普通"样式　　　　（b）"手绘"样式

图 2.76 　云线的显示样式

（3）绘制云线可以利用鼠标从头开始创建，也可以将闭合对象（如圆、椭圆、闭合多段线或样条曲线）转换为修订云线。

例：将六边形对象转为云线，如图 2.77 所示。

六边形　　　　　圆弧方向向外　　　　圆弧方向向内

图 2.77 　将"多边形"对象转换为修订云线

命令: _revcloud
最小弧长: 15　最大弧长: 15　样式: 普通

指定起点或 [弧长(A)/对象(O)/样式(S)] <对象>: O　　　　（"O"表示将对象转换为云线）

选择对象:　　　　　　　　　　　　　　　　　　　　　（捕捉已知的六边形对象）

反转方向 [是(Y)/否(N)] <否>: Y　　　　　　　　　（输入"Y"，则圆弧向内；输入"N"，则圆弧

向外)

修订云线完成。

2.15　知 识 拓 展

【例 2.33】　利用基本绘图工具，绘制如图 2.78 所示的一朵花。

操作步骤如下。

（1）绘制圆作为心芯。

单击"圆"命令按钮，命令提示为:

命令: _circle 指定圆的圆心或 [三点(3P)/两点(2P)/相切、相切、半径(T)]:

　　　　　　　　　　　　　　　　　　　　　　　　　（单击任意一点作为圆心）

指定圆的半径或 [直径(D)]: 50

（2）绘制辅助的内接多边形。

单击"正多边形"命令按钮，命令提示为:

命令: _polygon 输入边的数目 <4>: 6

指定正多边形的中心点或 [边(E)]:　　　　　　　　　（捕捉圆心）

输入选项 [内接于圆(I)/外切于圆(C)] <I>:

指定圆的半径: 50

（3）绘制辅助的外多边形。

单击"正多边形"命令按钮，命令提示为:

命令: _polygon

输入边的数目 <6>:

指定正多边形的中心点或 [边(E)]:　　　　　　　　　（捕捉圆心）

输入选项 [内接于圆(I)/外切于圆(C)] <I>:

指定圆的半径: 100

（4）绘制其中的一片花瓣，如图 2.79（a）所示。

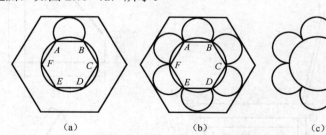

图 2.78　花朵图形　　　　　　　　　图 2.79　三点法绘制花瓣的过程图

单击"圆弧"命令按钮，命令提示为:

命令: _arc 指定圆弧的起点或 [圆心(C)]:　　　　（捕捉角点 B）

指定圆弧的第 2 个点或 [圆心(C)/端点(E)]:　　　（捕捉大六边形顶边的中点）

指定圆弧的端点:　　　　　　　　　　　　　　　　（捕捉角点 A）

（5）按照同样的方法，绘制其他的花瓣，如图 2.79（b）所示。

（6）删除内外两个正多边形，如图 2.79（c）所示。

（7）对花芯进行闭合图形的区域填区，最后效果如图 2.78 所示。

本 章 小 结

本章详细讲解了绘制基本图形实体的命令及方法，将基本的绘图命令运用到一些简单的实例中，这些都是精确绘图的基础。

思考与练习

1．简要回答以下问题。

（1）系统默认角度时，弧的形成方向是逆时针还是顺时针？

（2）有哪几种常用的坐标定位方法？各适用于什么情况下？

（3）试问"内接于圆"和"外切于圆"两种方法的本质区别何在？

（4）绘制带圆角的矩形时，圆角半径有无限制？限制范围是多少？

（5）利用多义线绘制圆弧时，通常要设置几个参数：圆弧包含的角度、圆弧的半径、圆弧的弦方向。试分析这几个参数的含义。

（6）可以通过哪些方法绘制云线？

2．观察图 2.80 所示的图形，分别采用了哪些坐标定位方法？请根据所给出的坐标绘制图形。

3．采用坐标定位方法，绘制如图 2.81 所示的图形。

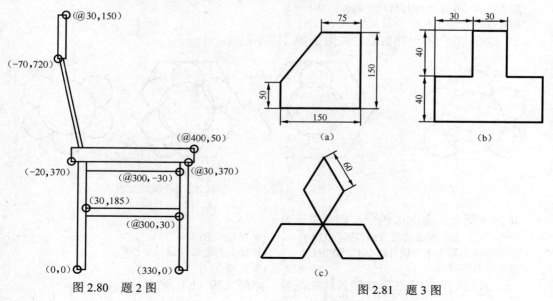

图 2.80　题 2 图　　　　　　　　　　　　　　　图 2.81　题 3 图

4. 利用直线和圆命令，绘制如图 2.82 所示的图形。

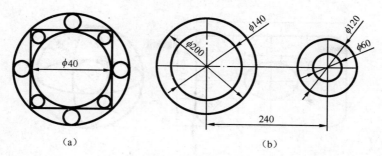

图 2.82　题 4 图

5. 利用直线、构造线命令，绘制三角形及角平分线，如图 2.83 所示。
6. 利用圆弧命令，在一个圆上绘制如图 2.84 所示的扇形。

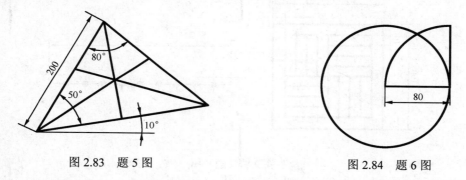

图 2.83　题 5 图　　　　　图 2.84　题 6 图

7. 利用正多边形、圆弧、圆命令，绘制如图 2.85 所示的图形。

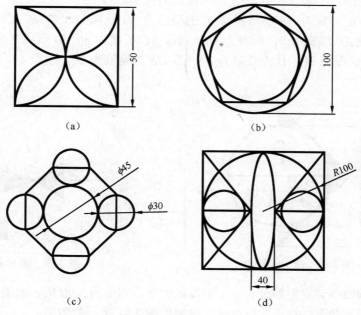

图 2.85　题 7 图

8．利用矩形、圆和椭圆命令，绘制如图 2.86 所示的图形。

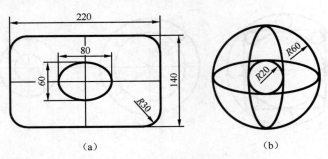

图 2.86　题 8 图

9．利用点命令的等分法，绘制如图 2.87 所示的图形。

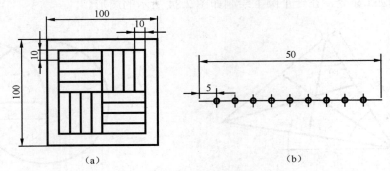

图 2.87　题 9 图

10．用区域填充工具，绘制如图 2.88 所示的图形。

11．利用多段线工具，绘制如图 2.89 所示的图形。

已知：A 点的坐标为（30,175），E 点的坐标为（130,120），A、B、C、D 四点在同一水平线上。线段 AB 线宽为 0，长度为 40；线段 BC 长度为 30，B 点线宽为 40，C 点线宽为 0；线段 CD 长度为 30，D 点线宽为 20；弧 DE 的宽度为 20，线段 CD 在 D 点与弧 DE 相切。

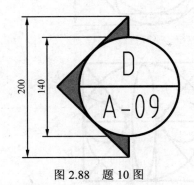

图 2.88　题 10 图

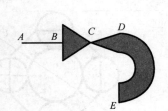

图 2.89　题 11 图

12．利用圆命令、定距等分命令、多段线命令绘制如图 2.90 所示的图形，尺寸自定。

13．利用矩形命令、样条曲线命令，绘制如图 2.91 所示的图形。

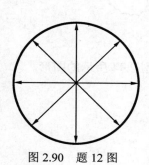

图 2.90　题 12 图

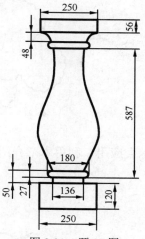

图 2.91　题 13 图

14. 利用多线命令，绘制房屋平面图，如图 2.92 所示。其中"外墙线"及"内墙线"的多线样式特性如表 2.1 和表 2.2 所示。

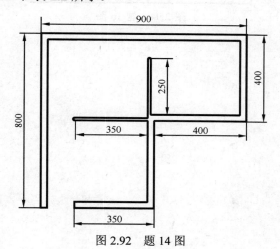

图 2.92　题 14 图

表 2.1　　　　　　　　　　　　　外墙线特性表

序　号	偏 移 量	颜　色	封　口
1	0.8	白色	起点：直线
2	−0.8	白色	端点：直线

表 2.2　　　　　　　　　　　　　内墙线特性表

序　号	偏 移 量	颜　色	封　口
1	0.5	蓝色	起点：直线
2	−0.5	蓝色	端点：外弧

15. 利用样条曲线命令、云线命令绘制如图 2.93 所示的图形。

图 2.93　题 15 图

16. 综合应用，利用本章介绍的绘图命令，绘制如图 2.94 所示的图形。

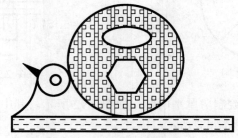

图 2.94　题 16 图

第 3 章 辅助绘图工具

AutoCAD 的特点之一是可以精确绘图。本章介绍的栅格、捕捉和自动追踪的辅助绘图功能，作为对"点坐标输入"的有力补充，可以大幅度提高工作效率。

3.1 栅格和栅格捕捉

实用工程草图经常绘制在坐标纸上，方便定位和度量。AutoCAD 也提供了类似的功能，这就是栅格和栅格捕捉。

【例 3.1】 利用栅格和栅格捕捉工具，绘制如图 3.1 所示的图形。

操作步骤如下。

（1）栅格和栅格捕捉的设置。

选择"工具→草图设置"菜单命令，或用鼠标右键单击状态栏"栅格"命令按钮，弹出"草图设置"对话框。选择"捕捉和栅格"选项卡，如图 3.2 所示。由于图形中标注的尺寸都是 10 的倍数，所以在"捕捉间距"和"栅格间距"选项组中，间距都设为 10，并选择"启用捕捉"和"启用栅格"复选框。完成设置后，单击"确定"按钮结束。

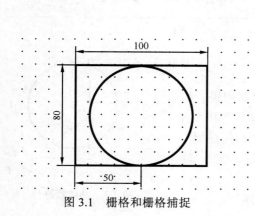

图 3.1　栅格和栅格捕捉

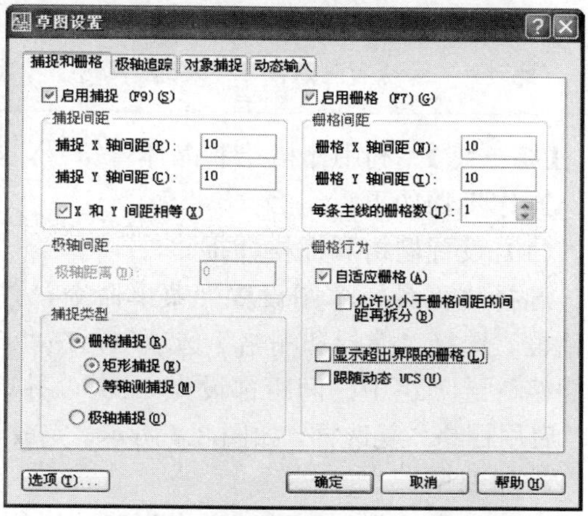

图 3.2　"草图设置"对话框

（2）绘制图形。

① 单击"矩形"命令按钮 ⬚，命令行提示如下：

命令: _rectang

指定第一个角点或 [倒角(C)/标高(E)/圆角(F)/厚度(T)/宽度(W)]: (指定左上角点)

指定另一个角点或 [尺寸]:

(拖动光标向右 10 个格，向下 8 个格，鼠标指针会自动磁吸到栅格点上)

② 单击"圆"命令按钮 ，命令行提示如下：

命令：_circle 指定圆的圆心或 [三点(3P)/两点(2P)/相切、相切、半径(T)]:

(从左上角开始，将光标向右移动 5 个格，向下移动 4 个格，单击鼠标确定圆心)

指定圆的半径或 [直径(D)]: 40

提 示

（1）本节的专业术语如下。

① "栅格"是显示在屏幕上一个一个的等距离点，提示图形图素的大小及它们之间的距离，如同方格纸一样。栅格不是图的一部分，只是作为一种视觉参考，用在辅助作图上，打印时也不会打印出来。

② "捕捉"隐含分布于整个绘图区域的捕捉格子上，十字光标如同受到了控制，只能在这些格子上作等距离跳跃。

（2）"草图设置"对话框内"栅格行为"的设置。

在"捕捉和栅格"选项卡的"栅格行为"选项组中，如果选中"自适应栅格"复选框，当缩小图形的显示时，会自动改变栅格的密度，使栅格不至于太密；如果选中"允许以小于栅格间距的间距再拆分"复选框，当放大图形的显示时，可以再添加一些栅格点；如果选中"显示超出界限的栅格"复选框，AutoCAD 会在整个绘图屏幕中显示栅格，否则只在由 LIMITS 命令设置的绘图界限中显示栅格。

（3）显示/隐藏"栅格"和"捕捉"有如下 3 种方法。

① 单击状态栏上的"栅格"和"捕捉"按钮，当按钮处于"按下"状态时，表示被启动；当按钮处于"未按下"状态时，表示被关闭。

② 按 F7 键启动或关闭栅格，按 F9 键启动或关闭捕捉。

③ 可以在"草图设置"对话框中进行设置，如本例所述。

（4）如果栅格间距太小，当通过某一方式启用栅格功能时，AutoCAD 会提示："栅格太密，无法显示"。此时，在命令行输入命令"zoom"，选择参数"A"，即重新生成模型，显示栅格。

【练一练】 利用栅格绘制晶体管符号，如图 3.3 所示。

操作步骤如下。

（1）设置栅格和栅格捕捉。

选择"工具→草图设置"菜单命令，弹出"草图设置"对话框。选择"捕捉和栅格"选项卡，在"启用捕捉"和"启用栅格"选项组中，间距都设为"10"，并单击"启用捕捉"和"启用栅格"复选框，如图 3.4 所示。完成设置后，单击"确定"按钮退出。

（2）放大一个绘图区域，有利于鼠标的直接操作。

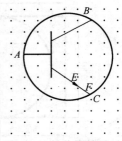

图 3.3 晶体管符号

在命令行键入"zoom"命令，命令提示如下：

命令: zoom

指定窗口角点，输入比例因子 (nX 或 nXP)，或

[全部(A)/中心点(C)/动态(D)/范围(E)/上一个(P)/比例(S)/窗口(W)] <实时>: w

指定第一个角点: 0,0
指定对角点: 100,100

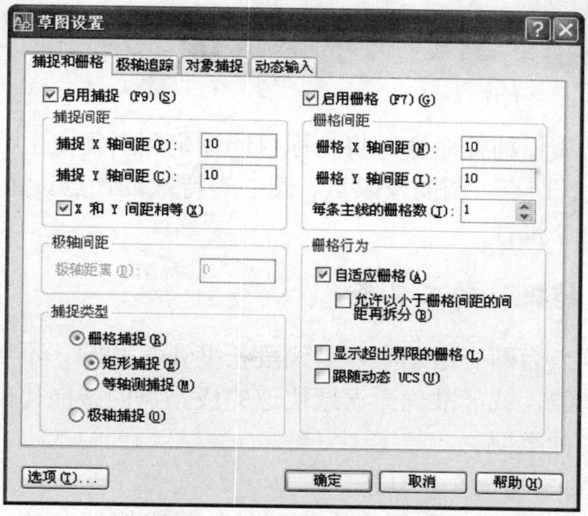

图 3.4 "草图设置"对话框

（3）制作晶体管符号。

① 单击"直线"命令按钮 ，根据网格点的分布确定水平线段的左端点和右端点，其长度为两格；再单击"直线"命令按钮 ，按相同方法，画出竖直线段，长度为 4 格；再单击"直线"命令按钮 ，生成上下两条斜直线，终点相对于起点的水平位移量为 3 格、垂直位移量为 2 格。

② 单击"圆"命令按钮 ，利用"三点法"绘制圆，命令提示如下：

命令: _circle 指定圆的圆心或 [三点(3P)/两点(2P)/相切、相切、半径(T)]: 3p
指定圆上的第一个点:　　　　　（捕捉 A 点）
指定圆上的第二个点:　　　　　（捕捉 B 点）
指定圆上的第三个点:　　　　　（捕捉 C 点）

③ 单击"多段线"命令按钮 ，绘制箭头，命令提示如下：

命令: _pline
指定起点:
(单击"捕捉到最近点"命令按钮 ，把光标移到 E 点附近，出现捕捉标记时，单击鼠标左键)
当前线宽为 0.0000
指定下一个点或 [圆弧(A)/半宽(H)/长度(L)/放弃(U)/宽度(W)]: w
指定起点宽度 <0.0000>: 5
指定端点宽度 <5.0000>: 0
指定下一个点或 [圆弧(A)/半宽(H)/长度(L)/放弃(U)/宽度(W)]:
(单击"捕捉到最近点"命令按钮 ，把光标移到 F 点附近，出现捕捉标记时，单击鼠标左键)
指定下一点或 [圆弧(A)/闭合(C)/半宽(H)/长度(L)/放弃(U)/宽度(W)]:　（按回车键结束）

（4）还原窗口大小。

在命令行键入"zoom"命令，命令提示如下：

命令: zoom
指定窗口角点，输入比例因子 (nX 或 nXP)，或
[全部(A)/中心点(C)/动态(D)/范围(E)/上一个(P)/比例(S)/窗口(W)] <实时>: a
　　　　　　　　　　（输入参数"a"，表示显示当前视口中的整个图形）

3.2 对象捕捉

所谓对象捕捉，是调用捕捉命令，将光标自动锁定到所需点上。它可以捕捉图上的端点、交点、中点、垂足、切点、圆的象限点、圆心等特殊位置点。捕捉命令不能单独使用，只能配合绘图或编辑命令执行。

1. 调用"对象捕捉"的工具条

若以一条线段的端点为圆心绘制半径为线段长度 1/2 的圆，不用手工输入端点坐标及半径，利用对象捕捉功能，就能准确无误地快速完成。点的智能化确定是由对象捕捉完成的，对象捕捉包含很多种类型。

【例 3.2】 调出"对象捕捉"工具条。

在任意工具栏的非工具按钮位置上右击鼠标，弹出快捷菜单，先选择"ACAD"工作组，然后选择"对象捕捉"选项（详见第 1 章），调出"对象捕捉"工具条，如图 3.5 所示。

图 3.5 "对象捕捉"工具条

提 示

运行"对象捕捉"命令可通过两种方法实现。

（1）单击"对象捕捉"工具栏上的命令按钮，如图 3.5 所示。

（2）按下 Ctrl 键或 Shift 键，并单击鼠标右键，弹出"对象捕捉"快捷菜单，选择快捷菜单中所需命令，如图 3.6 所示。

图 3.6 "对象捕捉"快捷菜单

2. 中点捕捉、端点捕捉

中点捕捉用来捕捉直线或圆弧等实体的中点，端点捕捉用来捕捉直线或圆弧等实体的端点。

【例 3.3】　已知线段 AB，以 B 点为圆心，以 $AB/2$ 为半径画圆，如图 3.7 所示。

操作步骤如下。

（1）画出已知线段 AB。

（2）绘制圆。

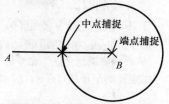

图 3.7　端点捕捉、中点捕捉

单击"圆"命令按钮⊘，命令提示如下：

命令：_circle 指定圆的圆心或 [三点(3P)/两点(2P)/相切、相切、半径(T)]:

(单击"捕捉到端点"命令按钮✐，将光标移至 B 点附近，出现捕捉标记时，单击鼠标左键)

指定圆的半径或 [直径(D)] <195.6092>:

(单击"捕捉到中点"命令按钮✐，将光标移至 $AB/2$ 点附近，出现捕捉标记时，单击鼠标左键)

> **提 示**
>
> （1）对象捕捉是一种点坐标的智能输入法，不能单独使用。可以在使用绘图命令过程中，需要定位时调用。
>
> （2）当单击"对象捕捉"命令按钮后，若屏幕没有出现捕捉标记，可选择"工具→选项"菜单命令，弹出"选项"对话框，单击"草图"选项卡，选择"自动捕捉设置"选项组中的"标记"复选项，其他选项可按照个人习惯进行选择，如图 3.8 所示。

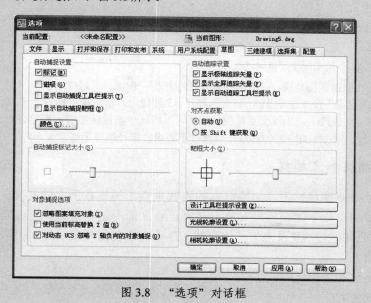

图 3.8　"选项"对话框

3. 交点捕捉

用于捕捉实体之间的交点，要求相关实体在空间内确实有一个真实交点，相交或延长相交都可以。

【例3.4】 已知线段 *AB* 垂直 *CD* 相交于 *E*，以 *E* 为圆心画圆，如图3.9所示。

操作步骤如下。

（1）画出相交的两条直线段 *AB* 和 *CD*。

（2）绘制圆。

单击"圆"命令按钮⊙，命令提示如下：

命令：_circle 指定圆的圆心或 [三点(3P)/两点(2P)/相切、相切、半径(T)]:

(单击"捕捉到交点"命令按钮✕，将光标移到 *E* 点，出现捕捉标记时，单击鼠标左键)

指定圆的半径或 [直径(D)] <200.0000>: (题目无要求，半径值可为任意大小)

提 示

捕捉交点时，光标必须落在交点的附近。

【想一想】 当线段相交的交点（见图3.10）未能绘出时如何处理？已知线段 *AB* 和 *CD* 相交于 *E*，要求以 *E* 点为圆心绘制圆。

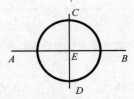
图3.9 可见交点捕捉

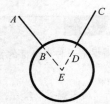
图3.10 不可见交点（如虚线所示）捕捉

操作步骤如下。

（1）首先画出两条不平行的直线段 *AB* 和 *CD*。

（2）绘制圆。

单击"圆"命令按钮⊙，命令提示如下：

命令：_circle 指定圆的圆心或 [三点(3P)/两点(2P)/相切、相切、半径(T)]:

(单击"捕捉到交点"命令按钮✕，将光标移到 *AB* 线段上，出现捕捉标记"✕…"时，单击鼠标左键；再将光标移到 *CD* 线段上，出现交点捕捉标记"✕"时，单击鼠标左键，确定圆心 *E* 点)

指定圆的半径或 [直径(D)] <200.0000>: (题目无要求，半径值可为任意大小)

4. 垂足捕捉和点捕捉

垂足捕捉是指捕捉定位的点与当前点的连线垂直于捕捉点所在的实体；点捕捉是指捕捉定位的点是绘制点命令绘制的点对象，是真正意义而不是一般意义上的点。

【例3.5】 已知线段 *AB* 及点 *C*，作直线 *CD* 垂直于已知线段 *AB*，如图3.11所示。

操作步骤如下。

（1）绘制出已知线段 *AB* 和点 *C*。

（2）绘制直线 *CD*。

单击"直线"命令按钮╱，命令提示如下：

命令：_line 指定第一点：

(单击"捕捉到节点"命令按钮○，移动光标到 *C* 点，出现捕捉标记时，单击鼠标左键)

指定下一点或 [放弃(U)]:

(单击"捕捉到垂足"命令按钮⊥，移动光标到 *AB* 线段上，出现捕捉标记时，单击鼠标左键)

指定下一点或 [放弃(U)]:   (按回车键或鼠标右键结束)

5. 圆心捕捉

圆心捕捉可以捕捉到圆、圆弧、圆环、椭圆及椭圆弧的圆心。

【例 3.6】 在已知圆内绘制六边形，圆心与六边形的中心重合，如图 3.12 所示。

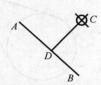

图 3.11 点捕捉和垂足捕捉

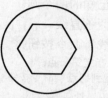

图 3.12 圆心捕捉

操作步骤如下。

（1）画出已知圆。

（2）绘制正多边形。

单击"正多边形"命令按钮⬠，命令提示如下：

命令: _polygon 输入边的数目 <4>: 6
指定正多边形的中心点或 [边(E)]:
(单击"捕捉到圆心"命令按钮◎，将光标移到圆周上，待出现捕捉标记时，单击鼠标左键)
输入选项 [内接于圆(I)/外切于圆(C)] <I>:   (按回车键，默认以内接圆方式画多边形)
指定圆的半径: (题目无要求，半径值可为任意大小)

6. 象限点捕捉

象限点捕捉圆、圆弧、圆环或椭圆在整个圆周上的四分点，即 0°、90°、180°、270° 位置。

【例 3.7】 用直线连接圆的 4 个象限点，如图 3.13 所示。

操作步骤如下。

（1）画出已知圆。

（2）绘制直线。

单击"直线"命令按钮╱，命令提示如下：

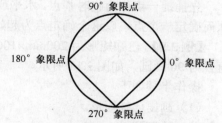

图 3.13 象限点的捕捉

命令: _line 指定第一点:
(单击"捕捉到象限点"命令按钮⟠，移动鼠标到圆的 0° 象限点位置，出现捕捉标记，单击鼠标左键)
指定下一点或 [放弃(U)]:
(单击"捕捉到象限点"命令按钮⟠，移动鼠标到圆的 90° 象限点位置，出现捕捉标记，单击鼠标左键)
指定下一点或 [放弃(U)]:
(单击"捕捉到象限点"命令按钮⟠，移动鼠标到圆的 180° 象限点位置，出现捕捉标记，单击鼠标左键)
指定下一点或 [闭合(C)/放弃(U)]:
(单击"捕捉到象限点"命令按钮⟠，移动鼠标到圆的 270° 象限点位置，出现捕捉标记，单击鼠标左键)
指定下一点或 [闭合(C)/放弃(U)]: C   (闭合图形)

7. 切点捕捉

切点捕捉是用于当前绘制的实体与圆、圆弧或椭圆相切时，捕捉它们之间的切点。

【例3.8】 绘制两个圆的一条外公切线 *AB* 和一条内公切线 *CD*，如图3.14所示。

操作步骤如下。

（1）画出已知的两个圆。

（2）绘制两条直线。

单击"直线"命令按钮，命令行提示如下：

命令：_line 指定第一点：

（单击"捕捉到切点"命令按钮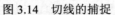，把光标移到 *A* 点附近，出现捕捉标记时，单击鼠标左键）

图3.14 切线的捕捉

指定下一点或 [放弃(U)]：

（单击"捕捉到切点"命令按钮⊙，把光标移到 *B* 点附近，出现捕捉标记时，单击鼠标左键）

指定下一点或 [放弃(U)]： （按回车键，结束当前的直线命令）

命令： （再按回车键，继续执行直线命令）

命令：_line 指定第一点：

（单击"捕捉到切点"命令按钮⊙，把光标移到 *C* 点附近，出现捕捉标记时，单击鼠标左键）

指定下一点或 [放弃(U)]：

（单击"捕捉到切点"命令按钮⊙，把光标移到 *D* 点附近，出现捕捉标记时，单击鼠标左键）

指定下一点或 [放弃(U)]： （按回车键结束）

 提 示

结束命令后继续按回车键，可重复执行上一次的命令。

8. 临时追踪点捕捉

先捕捉一点作为临时基点，水平或垂直引出一条虚线并确定方向，再输入一个距离值，从而确定一个点，以这个确定点为起始点，进行其他绘制操作。

【例3.9】 已知矩形为200mm×100mm，以矩形的左上角点向右60个单位的点为圆心，直径为90画圆，如图3.15所示。

操作步骤如下。

（1）画出已知矩形。

（2）绘制圆。

单击"圆"命令按钮⊙，命令提示如下：

命令：_circle 指定圆的圆心或 [三点(3P)/两点(2P)/相切、相切、半径(T)]：

（单击"临时追踪点"命令按钮⊷，再单击"捕捉到端点"命令按钮✎，捕捉矩形的左上角点为临时追踪点，这时出现临时点标记"+"和一条虚线，移动鼠标到追踪方向上，如图3.16所示）

指定圆的圆心或 [三点(3P)/两点(2P)/相切、相切、半径(T)]：60 （确定圆心的位移量）

指定圆的半径或 [直径(D)] <150.0000>：45 （确定圆的半径）

 提 示

调用临时追踪点捕捉时，光标处显示的轨迹点就是所需要的点与临时追踪点的相对极坐标值。可以根据显示值单击鼠标来确定点，但很难获得准确的长度值，效果不如直接输入长度值定点。

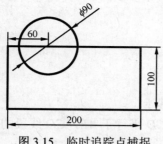

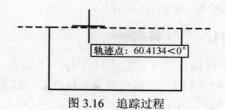

图 3.15　临时追踪点捕捉　　　　　　　图 3.16　追踪过程

9. 捕捉自

捕捉自的作用与临时追踪捕捉作用差不多，也是暂时选择一个点去确定另一个点，再以确定点为输入点，进行其他的绘制操作。

【例 3.10】　在已知的矩形 *ABCD* 外画一个圆，要求圆与矩形的位置如图 3.17 所示。操作步骤如下。

（1）画出已知矩形 *ABCD*。

（2）绘制圆。

单击"圆"命令按钮，命令提示如下：

命令：_circle 指定圆的圆心或 [三点(3P)/两点(2P)/相切、相切、半径(T)]：

(单击"捕捉自"命令按钮，再单击"捕捉到端点"命令按钮，捕捉矩形右上角 *B* 点作为基点)

基点：_endp 于 <偏移>：@60,60　　　　　　　　　(输入偏移值确定圆心)

指定圆的半径或 [直径(D)] <160.0000>：45　　　　(确定圆的半径)

10. 捕捉到延长线

捕捉到延长线用于捕捉直线或圆弧延长线方向上的点，在延长线上捕捉时，直接输入距离值即可。

【例 3.11】　已知线段 *AB*，根据尺寸标注绘制出线段 *CD*，如图 3.18 所示。

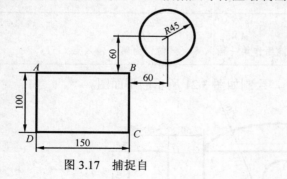

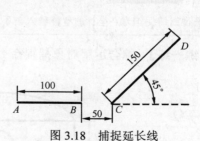

图 3.17　捕捉自　　　　　　　　　　图 3.18　捕捉延长线

操作步骤如下。

（1）画出已知直线 *AB*。

（2）绘制直线。

单击"直线"命令按钮，命令提示如下：

命令：_line 指定第一点：

(单击"捕捉到延长线"命令按钮，移动光标到 *B* 点，出现一个临时点标记"+"，沿 *AB* 延长线

方向移动鼠标，出现一条虚线，从键盘上输入"50"，确定 C 点)

指定下一点或 [放弃(U)]: @150<45　　　(确定 D 点)

指定下一点或 [放弃(U)]:　　　　　(按回车键结束)

11. 平行捕捉

平行捕捉用于捕捉直线平行线上的点，仅能用在直线上。

【例 3.12】 已知直线 AB 和点 C，过 C 点绘制直线 CD 平行于 AB，CD 线段的长度为 150，如图 3.19 所示。

操作步骤如下。

（1）画出已知直线 AB 及点 C。

（2）绘制直线。

单击"直线"命令按钮 ╱，命令提示如下：

命令: _line 指定第一点:　　　　　(单击"捕捉到节点"命令按钮 ○，捕捉节点 C)

指定下一点或 [放弃(U)]:

(单击"捕捉到平行线"命令按钮 ╱，将光标移到 AB 线段上，出现捕捉标记，再将光标移到与 AB 线段平行的位置，再次出现捕捉标记，并有一条虚线在平行处出现(见图 3.20)，输入长度"150"，按回车键确定点 D)

指定下一点或 [放弃(U)]:　　　　　(按回车键结束)

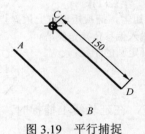
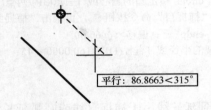

图 3.19　平行捕捉　　　　　　　　　图 3.20　进行平行捕捉

 提 示

平行线捕捉作为点坐标的智能输入，不能用作第一输入点，只能作为第二输入点。

【练一练】 综合运用对象捕捉命令，绘制如图 3.21 所示的平面图。

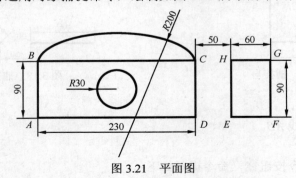

图 3.21　平面图

操作步骤如下。

（1）绘制矩形 ABCD。

单击"矩形"命令按钮◻️，命令提示如下：

命令: _rectang

指定第一个角点或 [倒角(C)/标高(E)/圆角(F)/厚度(T)/宽度(W)]: (单击屏幕任意一点)

指定另一个角点或 [尺寸(D)]: @230,-90

（2）绘制圆弧 BC。

单击"圆弧"命令按钮╱，命令提示如下：

命令: _arc 指定圆弧的起点或 [圆心(C)]:　(单击"捕捉到交点"命令按钮✕，捕捉顶点 C)

指定圆弧的第二个点或 [圆心(C)/端点(E)]: e

指定圆弧的端点:　　　　　　　　　(单击"捕捉到交点"命令按钮✕，捕捉顶点 B)

指定圆弧的圆心或 [角度(A)/方向(D)/半径(R)]: r

指定圆弧的半径: 200

（3）绘制圆。

单击"圆"命令按钮⊘，命令提示如下：

命令: _circle 指定圆的圆心或 [三点(3P)/两点(2P)/相切、相切、半径(T)]:

(单击"捕捉自"命令按钮◻️，将光标移至线段 AB 的中点，出现中点捕捉符号"△"，单击拾取)

基点: <偏移>: @115,0

指定圆的半径或 [直径(D)] <30.0000>: 30

（4）绘制矩形 EFGH。

单击"矩形"命令按钮◻️，命令提示如下：

命令: _rectang

指定第一个角点或 [倒角(C)/标高(E)/圆角(F)/厚度(T)/宽度(W)]:

(单击"捕捉到延长线"命令按钮后，将光标移到矩形 ABCD 的右上角，出现捕捉标记"十"，向右拖动光标出现追踪线，输入"50"，确定 H 点)

指定另一个角点或 [尺寸(D)]: @60,-90

3.3　自动对象捕捉

前述对象捕捉可以替代手工输入点的坐标，但每执行一次都要选择捕捉方式，十分烦琐，自动捕捉可以克服这一不足。事先设置好捕捉的方式，系统会自动地执行捕捉，直到重新设置或停止运行。

【例3.13】　设置自动对象捕捉。

操作步骤如下。

（1）设置对象捕捉类型。

选择"工具→草图设置"菜单命令，弹出"草图设置"对话框，选择"对象捕捉"选项卡，如图 3.22 所示。其中，对话框中被选中的选项（这是作者根据长期的绘图经验，建议的一般选择方式），表示该对象类型将被自动捕捉。

（2）启用自动对象捕捉功能。

捕捉功能设置完毕后，单击"启用对象捕捉"复选框，启用对象捕捉功能，单击"确定"按钮结束设置。或单击状态栏上的"对象捕捉"按钮，启用对象捕捉功能。

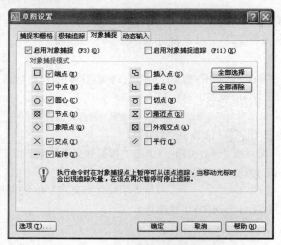

图 3.22　"草图设置"对话框

提 示

（1）自动捕捉不宜设得过多过滥。

（2）设置对象捕捉类型，还可以通过鼠标右键单击状态栏上的"对象捕捉"命令按钮，在弹出的快捷菜单中，选择"设置"命令，如图 3.23 所示，弹出"草图设置"对话框。

图 3.23　设置对象捕捉类型

（3）利用自动捕捉功能时，有时两个或多个图形的特殊点距离非常接近，自动捕捉对象时会相互干扰，甚至无法得到需要的点。为解决此问题，可以在捕捉前先将图形放大，捕捉后再缩小图形。也可使用 Ctrl+鼠标右键，弹出对象捕捉快捷菜单，选择一种捕捉对象，绘图时仅捕捉选定对象。

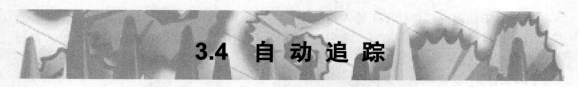

3.4　自 动 追 踪

自动追踪功能包括两个部分：极轴追踪功能和对象捕捉追踪功能。

1. 极轴追踪

绘图时确定起点后，系统显示当前鼠标所在位置的相对极坐标，可以通过输入极轴半径长度的方法来确定下一个绘图点。

【例 3.14】　利用极轴追踪，绘制正方形 *ABCD*，如图 3.24 所示。

操作步骤如下。

（1）把光标移到状态栏上的"极轴"按钮位置，单击鼠标右键，出现一个快捷菜单，选择"设置"选项，弹出"草图设置"对话框，单击"极轴追踪"选项卡，如图 3.26 所示。

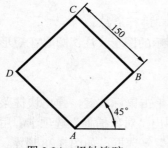

图 3.24　极轴追踪

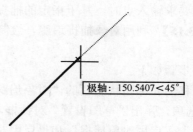

极轴：150.5407＜45°

图 3.25　追踪过程

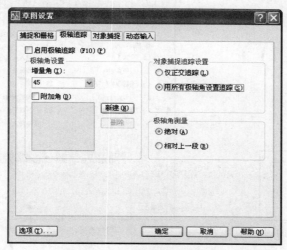

图 3.26　"草图设置"对话框

（2）分析任务，发现这是一个倾斜角度为 45°的正方形，4 条边的倾斜角度都是 45°的倍数，所以设置"增量角"为"45°"，并选择"启用极轴追踪"复选框，单击"确定"按钮，返回绘图区，开始绘制。

（3）单击"直线"命令按钮 ，命令行提示如下：

命令：_line 指定第一点：　　　　　（单击屏幕上任意一点，确定点 A）

指定下一点或 [放弃(U)]：

(移动鼠标出现追踪角度为 45°的追踪线，追踪过程如图 3.25 所示，输入长度为"150"，按回车键得到 B 点)

指定下一点或 [放弃(U)]：

(移动鼠标出现追踪角度为 135°的追踪线，输入长度为"150"，按回车键得到 C 点)

指定下一点或 [闭合(C)/放弃(U)]：

(移动鼠标出现追踪角度为 225°的追踪线，输入长度为"150"，按回车键得到 D 点)

指定下一点或 [闭合(C)/放弃(U)]：c

　提　示

极轴追踪用于追踪一定角度上的点坐标，是一种智能的输入方法。使用极轴追踪需要先设置角度，让系统在一定角度上进行追踪。

2. 对象捕捉追踪

系统要求输入点时，基于指定的捕捉点沿指定方向进行追踪。

【例 3.15】 利用对象捕捉追踪，绘制如图 3.27 所示的图形（注：圆心在矩形的中心位置上）。

操作步骤如下。

（1）移动光标至状态栏的"对象追踪"按钮上，单击鼠标右键，弹出快捷菜单，选择"设置"选项，弹出"草图设置"对话框，系统自动弹出"对象捕捉"选项卡。用户需要选择"中点"、"启用对象捕捉"和"启用对象捕捉追踪"复选框，如图 3.28 所示。

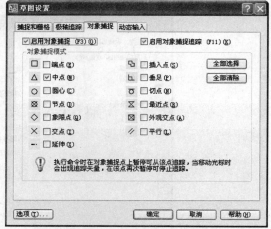

图 3.27 矩形中的圆   图 3.28 "草图设置"对话框

（2）先绘制矩形，然后执行圆命令，这时系统提示输入圆心坐标，移动鼠标指针到矩形长边的中点位置，待出现中点捕捉符号和一个"十"后，上下移动鼠标直至出现一条追踪线，如图 3.29 所示。

（3）同样移动鼠标到短边的中点处，出现另一条追踪线，如图 3.30 所示。

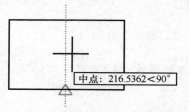

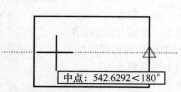

图 3.29 垂直方向中点追踪   图 3.30 水平方向中点追踪

（4）移动鼠标到矩形的中心位置，出现两条相交的追踪线，如图 3.31 所示。

（5）单击鼠标左键，确定圆心，再输入半径即可绘制出圆。

提　示

极轴追踪与对象捕捉追踪最大不同在于：极轴追踪功能不要求图样中有可以捕捉的对象，而对象捕捉追踪功能有这个要求。

【练一练】 极轴追踪和对象捕捉追踪实际应用，如图 3.32 所示。

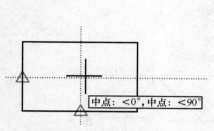

图 3.31　两条捕捉线交汇

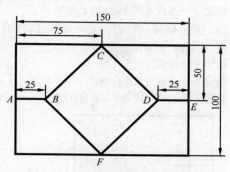

图 3.32　自动捕捉和对象追踪实例

操作步骤如下。

（1）移动光标至状态栏的"对象捕捉"按钮上，单击鼠标右键，弹出快捷菜单，选择"设置"选项，进入"草图设置"对话框，作如图 3.33 所示的设置。

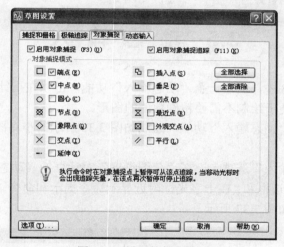

图 3.33　设置捕捉和追踪

（2）绘制步骤。

① 单击"矩形"命令按钮 ▭，命令提示如下：

命令:_rectang

指定第一个角点或 [倒角(C)/标高(E)/圆角(F)/厚度(T)/宽度(W)]:　（单击屏幕上任意一点）

指定另一个角点或 [尺寸(D)]: @150,-100　（指定矩形的右下角点）

② 绘制矩形内的图形，采用自动对象捕捉辅助执行。

单击"直线"命令按钮 ／，命令提示如下：

命令:_line 指定第一点:　（移动光标到 A 点附近，出现中点捕捉符号"△"，单击拾取 A 点）

指定下一点或 [放弃(U)]: 25

(向右水平移动光标时，出现虚线，如图 3.34 所示，输入长度值为"25"，按回车键得到 B 点）

指定下一点或 [放弃(U)]:　（移动光标到 C 点附近，出现中点捕捉符号"△"，单击拾取 C 点）

指定下一点或 [闭合(C)/放弃(U)]: 25

(移动光标到 E 点附近，出现中点捕捉符号"△"，向左移动鼠标出现追踪线，如图 3.35 所示，输入"25"，确定 D 点）

指定下一点或 [闭合(C)/放弃(U)]:   (捕捉中点 E)

指定下一点或 [闭合(C)/放弃(U)]:   (单击鼠标右键结束)

③ 按空格键(或回车键),重新执行绘制直线命令:

命令: _line 指定第一点: (捕捉端点 B)

指定下一点或 [放弃(U)]:   (捕捉中点 F)

指定下一点或 [放弃(U)]:   (捕捉端点 D)

指定下一点或 [闭合(C)/放弃(U)]:   (单击鼠标右键结束)

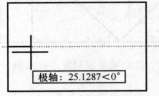

图 3.34   中点向右追踪

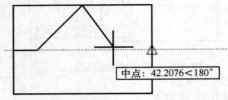

图 3.35   中点向左追踪

3.5   动 态 输 入

在 AutoCAD 2008 中,新增一个"动态输入"功能,可以在指针位置处显示标注输入和命令提示等信息,便于绘制不需要精确数值的图形。

【例 3.16】 利用"动态输入"功能,绘制如图 3.36 所示的小鸟图形。

操作步骤如下。

(1)设置"动态输入"选项卡。在"草图设置"对话框的"动态输入"选项卡中,选中"启用指针输入"复选框和"在十字光标附近显示命令提示和命令输入"复选框,且 "设置"为系统默认值,如图 3.37 所示。

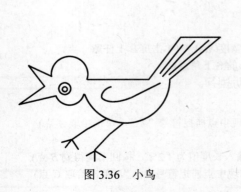

图 3.36   小鸟

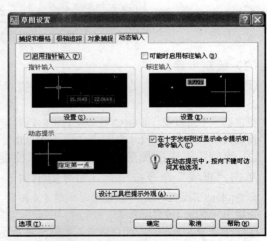

图 3.37   "动态输入"选项卡

(2)利用"直线"命令,并参照光标附近显示的命令提示、坐标值,绘制小鸟的嘴巴,如图 3.38 所示。

（3）利用"圆弧"命令，并参照光标附近显示的命令提示，绘制小鸟的头部，如图 3.39 所示。

图 3.38 绘制小鸟的嘴巴　　　　　　　　图 3.39 绘制小鸟的头部

（4）利用"圆"命令绘制小鸟的眼睛；利用"直线"及"圆弧"命令绘制小鸟的身体，如图 3.40 所示。

图 3.40 绘制小鸟的眼睛及身体

（5）利用"直线"命令绘制小鸟的尾巴；利用"样条曲线"命令绘制小鸟的翅膀，如图 3.41 所示。

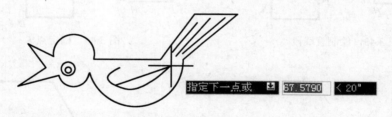

图 3.41 绘制小鸟的尾巴及翅膀

（6）利用"样条曲线"及"直线"命令绘制小鸟的脚，最终效果如图 3.36 所示。

3.6 项 目 拓 展

【例 3.17】 利用光标自动定位命令绘制模板，如图 3.42 所示。

操作步骤如下。

（1）执行"直线"命令，采用"正交"方式，根据命令提示，从点 A 绘制到点 K，如图 3.43 所示。

（2）利用自动追踪功能确定点 L，如图 3.44 所示。

（3）闭合图形，如图 3.45 所示。

（4）在多边形内绘制圆，如图 3.46 所示。

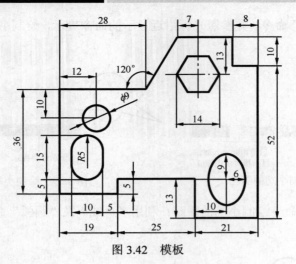

图 3.42　模板

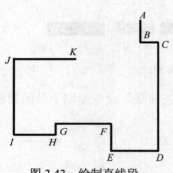

图 3.43　绘制直线段

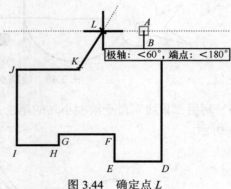

图 3.44　确定点 L

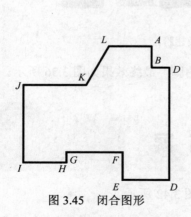

图 3.45　闭合图形

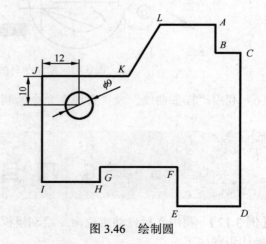

图 3.46　绘制圆

单击"圆"命令按钮 ，命令提示如下：

命令: _circle 指定圆的圆心或 [三点(3P)/两点(2P)/相切、相切、半径(T)]:
(单击"捕捉自"命令按钮 ，再单击"捕捉到端点"命令按钮，捕捉多边形左上角 J 点作为基点)
基点: <偏移>: @12,−10　　　　　　　　　　　(输入偏移值确定圆心)
指定圆的半径或 [直径(D)]: d
指定圆的直径: 9

（5）在多边形内绘制正多边形，如图 3.47 所示。

单击"正多边形"命令按钮⬡，命令提示如下：

命令：_polygon 输入边的数目 <4>: 6

指定正多边形的中心点或 [边(E)]:

(单击"捕捉自"命令按钮，再单击"捕捉到端点"命令按钮，捕捉多边形顶角 L 点作为基点)

基点：<偏移>: @7, –13

输入选项 [内接于圆(I)/外切于圆(C)] <I>: i　　（采用内接正多边形方式）

指定圆的半径: 7

（6）在多边形内绘制带圆角的矩形，如图 3.48 所示。

单击"矩形"命令按钮▭，命令提示如下：

命令：_rectang

指定第一个角点或 [倒角(C)/标高(E)/圆角(F)/厚度(T)/宽度(W)]: f

指定矩形的圆角半径 <0.0000>: 5

指定第一个角点或 [倒角(C)/标高(E)/圆角(F)/厚度(T)/宽度(W)]:

(单击"捕捉到延长线"命令按钮 ┉，移动光标到 G 点，出现一个临时点标记"十"，沿 FG 延长线方向移动鼠标，出现一条虚线，从键盘上输入"5"，确定矩形的右下角，如图 3.49 所示)

指定另一个角点或 [尺寸(D)]: @–10,15

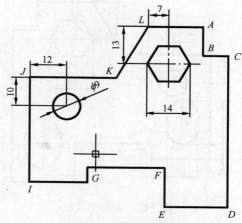

图 3.47　绘制正多边形

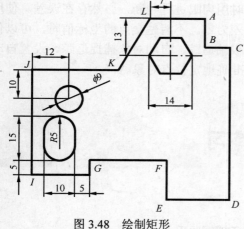

图 3.48　绘制矩形

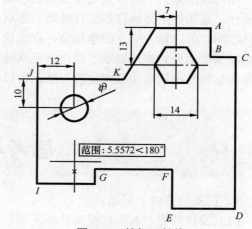

图 3.49　捕捉延长线

（7）在多边形内绘制椭圆形，如图 3.50 所示。

单击"椭圆形"命令按钮⬭，命令提示如下：

命令：_ellipse

指定椭圆的轴端点或 [圆弧(A)/中心点(C)]: c

指定椭圆的中心点：

(单击"捕捉到延长线"命令按钮 ┉，移动光标到 F 点，出现一个临时点标记"十"，沿 GF 延长线方向移动鼠标，出现一条虚线，从键盘上输入"10"，确定椭圆形的中心点，如图 3.51 所示)

指定椭圆的中心点：10

指定轴的端点：@6,0

指定另一条半轴长度或 [旋转(R)]: @0,9

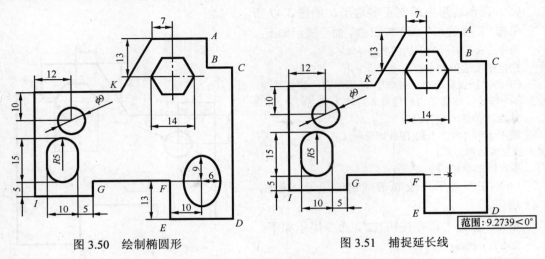

图 3.50　绘制椭圆形　　　　　　　　　　图 3.51　捕捉延长线

本 章 小 结

软件绘图最大的特点是比手工制图精确。例如，从相交直线的交点向外绘制实体，手工操作（包括使用精确仪器进行辅助）选取交点时用肉眼进行判断，必然存在误差。使用软件绘图，可以输入交点的坐标值，在理论上误差为零。不清楚交点的坐标值时，可以使用对象捕捉命令。本章讲述了栅格与栅格捕捉、极轴追踪、自动对象捕捉追踪、设置自动对象捕捉等几种辅助光标定位的方法，可以快速准确地定位点对象。

思考与练习

1．简要回答以下问题。

（1）栅格捕捉与对象捕捉有什么区别？

（2）怎样设置自动捕捉？自动捕捉的项目越多越好吗？为什么？

（3）最近点捕捉是捕捉哪一种最近的点？

（4）为什么要设置自动追踪功能？

（5）极轴追踪和对象捕捉追踪是自动追踪的两个功能，其不同点是什么？

（6）阐述"临时追踪点捕捉"、"捕捉自"和"捕捉延长线"3 种对象捕捉命令的相同点及各自适用情况。

2．利用栅格及捕捉功能，绘制如图 3.52 所示的图形。

3．利用对象捕捉方法，绘制如图 3.53 所示的图形。

4．结合对象追踪、极轴追踪功能，绘制如图 3.54 所示的图形。

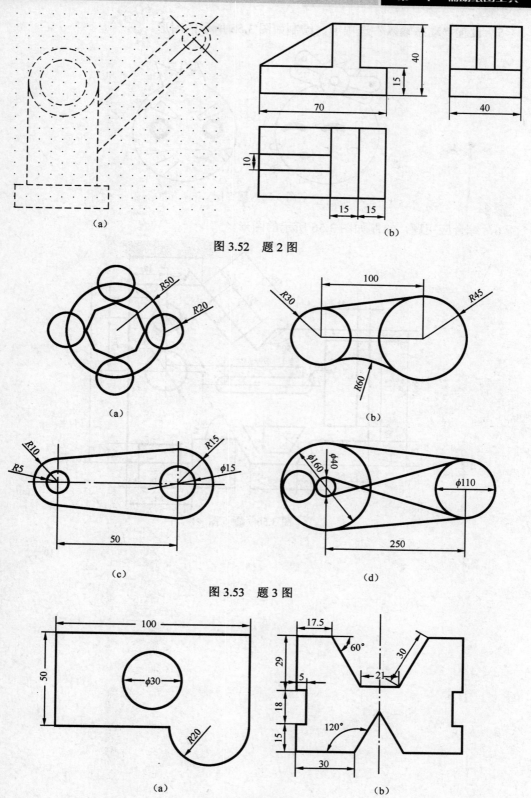

（a）

（b）

图 3.52　题 2 图

（a）

（b）

（c）

（d）

图 3.53　题 3 图

（a）

（b）

图 3.54　题 4 图

5. 设置"动态输入"选项卡，绘制如图 3.55 所示的图形。

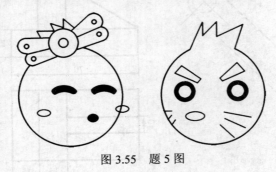

图 3.55　题 5 图

6. 综合应用题，绘制如图 3.56 所示的图形。

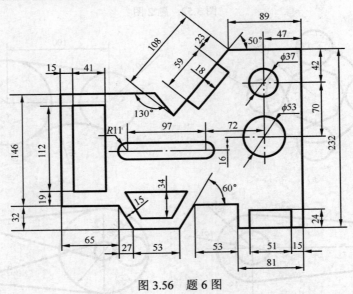

图 3.56　题 6 图

第 4 章 图形编辑工具

前面各章学习了基本绘图工具和辅助绘图工具。本章将学习删除、复制、镜像、偏移、阵列、旋转、修剪、打断、拉伸、延伸、拉长、分解对象等图形编辑工具，用于绘制较为复杂的图形。

4.1 目 标 选 择

在对图形进行编辑操作之前，或当系统在命令行出现"选择对象："提示时，要求选择操作对象，即目标选择。在 AutoCAD 中，选择对象的方法有很多，常用的有"直接方式"、"窗口方式"、"快速选择"和"过滤选择"。

直接方式：通过鼠标移动拾取框，使其压住待选取对象，单击鼠标左键，该对象变为虚线，表明已被选中。每次鼠标只能选中一个对象，但可以连续执行多次选择。

窗口方式：通过拖曳鼠标绘制一个矩形区域来选择对象。如果矩形窗口是从左向右定义的，那么只有完全在矩形框内部的对象，才会被选中；如果矩形窗口是从右向左定义的，那么矩形框内对象全部选中，而且与框相交的对象也被选中。

快速选择：选择具有某些共同特性（如图层、线型、颜色、大小）的对象。

过滤选择：以对象的类型（如直线、圆、圆弧等）、图层、颜色、线型等作为条件，过滤选择符合设定条件的对象。

【例 4.1】 利用"窗口方式"选择图形，如图 4.1 所示，比较两种"窗口方式"的结果。

从左向右框选法：先确定选择框的左上角点 A，然后向右拖曳出窗口，并确定选择框的右下角点 B。用这种方法可以选中选择框内的图形对象，如图 4.1（a）所示。

从右向左框选法：先确定选择框的右下角点 A，然后向左拖曳出窗口，并确定选择框的左上角点 B。用这种方法无论包含或经过选择框的对象都会被选中，如图 4.1（b）所示。

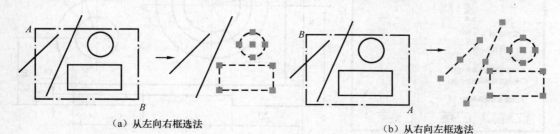

(a) 从左向右框选法　　　　　　　　　　(b) 从右向左框选法

图 4.1　"窗口方式"的两种框选法

> **提 示**
>
> 采用从左到右的框选方式，可以从左上角开始，也可以从左下角开始；采用从右到左的框选方式，同样可以从右上角开始，也可以从右下角开始。

【**例 4.2**】 采用快速选择法，选择图 4.2 中所有半径为"8"的圆弧。

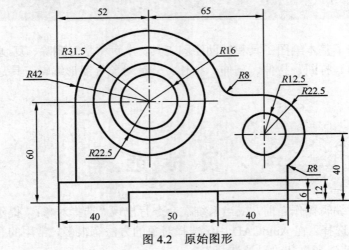

图 4.2　原始图形

操作步骤如下。

（1）选择"工具→快速选择"菜单命令，弹出"快速选择"对话框，如图 4.3 所示。

（2）设置"快速选择"对话框。在"应用到"下拉列表中，选择"整个图形"选项；在"对象类型"下拉列表中，选择"圆弧"选项；在"特性"列表框中，选择"半径"选项；在"运算符"下拉列表中，选择"=等于"选项；在"值"文本框中，输入数值"8"。

（3）设置完毕后，单击"确定"按钮，返回绘图窗口，符合要求的对象被选中，如图 4.4 所示。

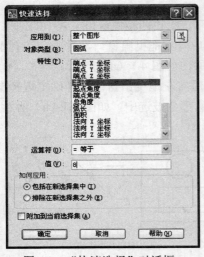

图 4.3　"快速选择"对话框

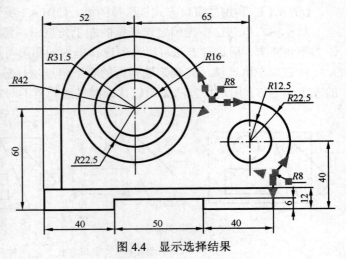

图 4.4　显示选择结果

【想一想】 如果需要快速选择具有不同特性的多个对象，显然不能采用"快速选择"法，那么还有什么方法可以快速选择对象的呢？

【例4.3】 采用过滤选择法，选择图4.2中所有半径为"31.5"的圆和半径为"8"的圆弧。

操作步骤如下。

（1）在命令提示行输入"filter"命令，系统自动弹出"对象选择过滤器"对话框。

（2）设置"选择过滤器"选项组的下拉列表。选择"**开始 OR"选项，并单击"添加到列表"按钮，将其添加到过滤器列表框中；选择"圆半径"选项，并在X后面的下拉列表中选择"="，在对应的文本框中输入"31.5"，单击"添加到列表"按钮，将其添加到过滤器列表框中；选择"圆弧半径"选项，并在X后面的下拉列表中选择"="，在对应的文本框中输入"8"，单击"添加到列表"按钮，将其添加到过滤器列表框中；选择"**结束 OR"选项，并单击"添加到列表"按钮，将其添加到过滤器列表框中。对象设置完毕后，如图4.5所示。

图4.5 "对象选择过滤器"对话框

（3）删除多余列表项。分别单击列表框中"对象=圆"和"对象=圆弧"两项，并单击"删除"按钮，如图4.6所示。

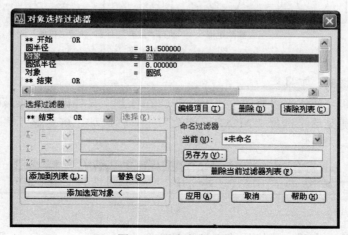

图4.6 删除多余列表

（4）"对象选择过滤器"设置完毕后，单击"应用"按钮，返回绘图窗口。采用"窗口方式"框选所有图形，按 Enter 键确定，系统将过滤出满足条件的对象，并将其选中，结果如图 4.7 所示。

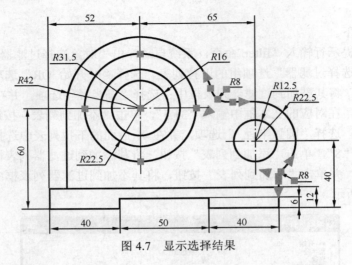

图 4.7　显示选择结果

4.2　放弃与重做

"放弃"命令和"重做"命令用于纠正误操作。

"放弃"命令可以从最近一次命令开始，逐步取消执行过的命令，直到取消到本次绘图启动时的状态，无次数限制。

"重做"命令可以在放弃命令之后执行，恢复最近一次的放弃操作，只限一次有效。

【例 4.4】　按图 4.8 所示的执行顺序操作，体会"放弃"命令和"重做"命令的作用。

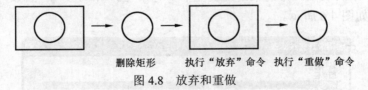

删除矩形　　执行"放弃"命令　执行"重做"命令

图 4.8　放弃和重做

（1）调用"修改"工具栏。

编辑命令按钮全部位于"修改"工具栏中。在任意工具栏的非工具按钮位置上右击鼠标，弹出一个快捷菜单，选择"ACAD→修改"工具栏选项，屏幕显示"修改"工具栏，如图 4.9 所示。

图 4.9　"修改"工具栏

（2）执行删除命令后，再执行放弃与重做命令。

单击"删除"命令按钮 ，命令行提示如下：

命令：_erase

选择对象：   （选择矩形）

选择对象：   （按回车键，矩形被删除）

单击"标准"工具栏上的"放弃"按钮   （放弃删除操作，恢复矩形）

单击"标准"工具栏上的"重做"按钮   （把删除命令重新执行一遍，去掉矩形）

> **提 示**
>
> "放弃"命令的快捷键为 Ctrl+Z，"重做"命令的快捷键为 Ctrl+Y。

4.3 删 除

"删除"命令用于清除实体。

【例 4.5】 删除线段。先绘制矩形 *ABCD*，并以对角线的交点为圆心画圆，如图 4.10 左图所示；然后利用"删除"命令，删除线段 *AC* 和 *BD*，如图 4.10 右图所示。

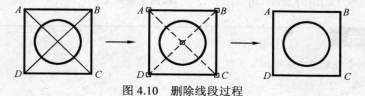

图 4.10 删除线段过程

操作步骤如下。

单击"删除"命令按钮 ，命令提示为：

命令：_erase

选择对象：   （选择线段 *AC*）

选择对象：   （选择线段 *BD*）

选择对象：   （按回车键结束）

> **提 示**
>
> （1）本章介绍的命令按钮主要从"修改"工具栏或"面板"选项板的"二维绘图"选项组域中获取。
>
> （2）执行"删除"命令的常用方法有如下 4 种。
>
> ① 单击"删除"命令按钮 。
>
> ② 在命令行中输入"ERASE"或者"E"命令，然后按回车键。
>
> ③ 选择"修改→删除"菜单命令。
>
> ④ 选中对象，按键盘上的 Delete 键。

4.4 复 制

"复制"命令可以对已有的对象复制出副本，并放置到指定的位置。

【例4.6】复制圆。先绘制图形如图4.11（a）所示，再将圆复制到三角形的 3 个顶角上，且圆心与顶角重合，如图4.11（b）所示。

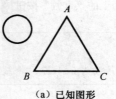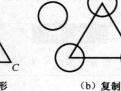

（a）已知图形　　　　（b）复制

图 4.11　复制

单击"复制"命令按钮 ，命令行提示如下：

命令: _copy
选择对象:　　　　　　　　　　　　　　（单击圆）
选择对象:　　　　　　　　　　　　　　（按回车键结束选择）
当前设置：　复制模式 = 多个
指定基点或 [位移(D)/模式(O)] <位移>:　　（捕捉圆心）
指定第二个点或 <使用第一个点作为位移>:　（捕捉三角形的顶角 A）
指定第二个点或 [退出(E)/放弃(U)] <退出>:　（捕捉三角形的顶角 B）
指定第二个点或 [退出(E)/放弃(U)] <退出>:　（捕捉三角形的顶角 C）
指定第二个点或 [退出(E)/放弃(U)] <退出>:　（按回车键结束）

 提 示

（1）执行复制命令常用方法有如下 3 种。

① 单击"复制"命令按钮 。

② 在命令行中输入"Copy"或者"CO"命令。

③ 选择"修改→复制"菜单命令。

（2）需要注意的是，在 AutoCAD 2008 中，"复制"命令的默认模式为"多个"，即可进行连续复制；而之前低版本的"复制"命令其默认模式为"单个"，即只能进行一次复制。

4.5 偏 移

偏移命令可以对指定的直线、圆弧、圆等对象作同心偏移复制。在实际应用中，常利用偏移命令的特性创建平行线或等距离分布图形。

1. 直线偏移

直线偏移是绘制平行线的常用方法。

【例4.7】　绘制平行线。已知直线 AB，在 AB 上面作 CD 平行于 AB，并与 AB 距离为 60，如图4.12所示。操作步骤如下。

单击"偏移"命令按钮 ，命令提示为：

图 4.12　偏移

命令: _offset

指定偏移距离或 [通过(T)] <100.0000>: 60　　　　(指定偏移距离)

选择要偏移的对象或 <退出>:　　　　(选择偏移的对象，单击线段 AB)

指定点以确定偏移所在一侧:　　　　(在 AB 线段上方单击鼠标，确定要偏移的方向)

选择要偏移的对象或 <退出>:　　　　(直接按回车键结束命令)

 提　示

> 绘制平行线，若采用复制法，必须先确定位移量，因此，利用"偏移"命令十分方便。

【想一想】　试采用"直线"命令，绘制平行线如图 4.12 所示。

2. 圆的偏移

"偏移"命令主要用于生成同心圆，还可以生成椭圆、多边形和矩形实体的同心结构。也可以绘制同心矩形、同心圆弧等图形，如图 4.13 和图 4.14 所示。

【例 4.8】　绘制出如图 4.15 所示的同心圆。

图 4.13　同心矩形

图 4.14　同心圆弧

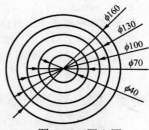

图 4.15　同心圆

操作步骤如下。

单击"偏移"命令按钮，命令提示为：

命令: _offset

指定偏移距离或 [通过(T)] <20.0000>: 15　　　　(指定偏移距离)

选择要偏移的对象或 <退出>:　　　　(选择直径为 40 的圆作偏移对象)

指定点以确定偏移所在一侧:　　　　(在圆外单击鼠标，制作出直径为 70 的圆)

选择要偏移的对象或 <退出>:　　　　(选择直径为 70 的圆作偏移对象)

指定点以确定偏移所在一侧:　　　　(在圆外单击鼠标，制作出直径为 100 的圆)

选择要偏移的对象或 <退出>:　　　　(选择直径为 100 的圆作偏移对象)

指定点以确定偏移所在一侧:　　　　(在圆外单击鼠标，制作出直径为 130 的圆)

选择要偏移的对象或 <退出>:　　　　(选择直径为 130 的圆作偏移对象)

指定点以确定偏移所在一侧:　　　　(在圆外单击鼠标，制作出直径为 160 的圆)

选择要偏移的对象或 <退出>:　　　　(单击鼠标右键结束命令)

 提　示

> 需要将矩形和正多边形进行偏移时，就不能用"直线"命令绘制。用"直线"命令绘制矩形和正多边形时，系统很难确定其中心点，其后若调用"偏移"命令进行偏移操作，也不会生成等距同心结构。

【练一练】　利用偏移命令来绘制台阶的步级，如图 4.16 所示。

操作步骤如下。

（1）运用前面介绍的绘图知识，绘制出如图 4.17 所示的图形。

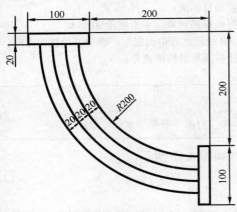

图 4.16　台阶步级

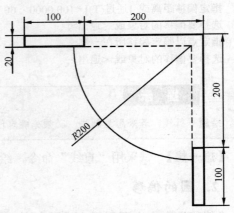

图 4.17　绘制编移前的图形

（2）单击"偏移"命令按钮，命令提示为：

命令: _offset
指定偏移距离或 [通过(T)] <0.0000>: 20
选择要偏移的对象或 <退出>:　　　(选择半径为 200 的圆弧为对象)
指定点以确定偏移所在一侧:　　　　(用鼠标在圆弧外侧单击一下)
　　　　　　　　　　　　　　　　(用同样的方法操作 3 次，复制出 4 个步级线)

4.6　镜　　像

"镜像"命令用于绘制对称的图形，如某些底座、支架等。

【例 4.9】　利用"镜像"命令，生成实体 B。已知实体 A 和直线 12，如图 4.18 所示。

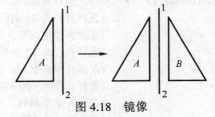

图 4.18　镜像

操作步骤如下。

单击"镜像"命令按钮，命令提示为：

命令: _mirror
选择对象:　　　　　　　　　　　(选择实体 A)
选择对象:　　　　　　　　　　　(回车结束选择)
指定镜像线的第一点:　　　　　　(捕捉 12 线的 1 端点)
指定镜像线的第二点:　　　　　　(捕捉 12 线的 2 端点)
是否删除源对象？[是(Y)/否(N)] <N>: (按回车键，保留源对象)

提 示

（1）工程图形多有轴线对称，只需绘制出半幅图形，使用"镜像"命令可以快速绘制另外半幅图形。

（2）若镜像的同时需要删除源实体，可在"是否删除源对象？[是(Y)/否(N)] <N>:"命令行输入"Y"，然后按回车键即可。

（3）在 AutoCAD 2008 中，使用系统命令 MIRRTEXT 可以控制文字对象的镜像方向。如果 MIRRTEXT 的值为"0"，则文字对象方向不镜像，如图 4.19（a）所示；如果 MIRRTEXT 的值为"1"，则文字对象完全镜像，镜像出来的文字变得不可读，如图 4.19（b）所示。

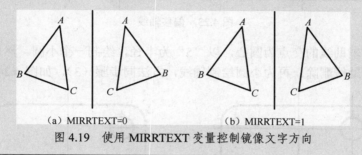

（a）MIRRTEXT=0 　　　（b）MIRRTEXT=1

图 4.19　使用 MIRRTEXT 变量控制镜像文字方向

【练一练】　应用偏移和镜像编辑命令，绘制垫板如图 4.20 所示。

操作步骤如下。

（1）执行"矩形"命令，绘制带圆角矩形，圆角半径为 10。根据矩形的大小，绘制两条直线，如图 4.21 中所示的直线 1、2，长度略大于矩形的长宽，作为轴线。

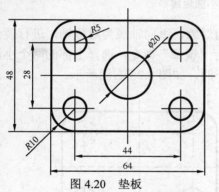

图 4.20　垫板

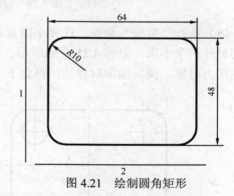

图 4.21　绘制圆角矩形

（2）执行"移动"命令，把直线 1 移动到矩形横向的中央处，如图 4.22 所示。同理，把直线 2 移动到矩形纵向的中央处。

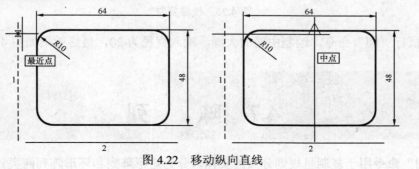

图 4.22　移动纵向直线

（3）执行"偏移"命令，纵向轴线向左偏移22，横向轴线向上偏移14，如图4.23所示。

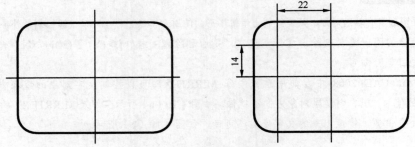

图 4.23 偏移轴线

（4）以两条辅助线的交点为圆心，以"5"为半径，绘制一个小圆。然后执行"删除"命令，将两条辅助线删除。再为小圆绘制轴线，方法同步骤（3），如图4.24所示。

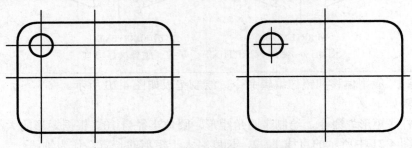

图 4.24 绘制小圆及小圆轴线

（5）执行"镜像"命令，选择小圆及其轴线为对象，纵向轴线为对称轴，进行镜像，得到另外一个小圆，如图4.25左图所示。重复执行"镜像"命令，选择上部的两个小圆及其轴线为对象，横向轴为对称轴，得到下部两个小圆，如图4.25右图所示。

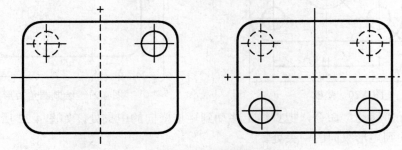

图 4.25 镜像复制

（6）执行"圆"命令，绘制中间的大圆，输入直径为20，最终效果如图4.20所示。

4.7 阵　列

"阵列"命令用于复制呈规则分布的实体，分为矩形阵列和环形阵列两类。

1. 矩形阵列

矩阵阵列按照方阵的行列方式进行实体复制，需要确定阵列的行数、列数及行间距、列间距。

【**例4.10**】 已知圆 A，半径为10。要求生成一个 4×5 矩阵，行距为30，列距为35，如图4.26所示。

操作步骤如下。

（1）单击"阵列"命令按钮 或选择"修改→阵列"菜单命令，弹出"阵列"对话框。选择"矩阵阵列"单选按钮，如图4.27所示。在"行"文本框中输入行数为"4"，在"列"文本框中输入列数为"5"，在"行偏移"文本框中输入阵列的行间距为"30"，在"列偏移"文本框中输入阵列的列间距为"35"。

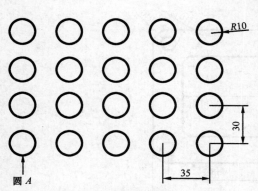

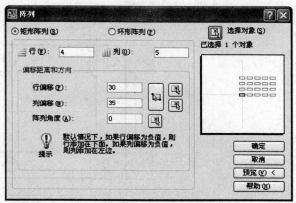

图4.26 矩形阵列　　　　　　　　图4.27 "矩阵阵列"选项

（2）然后单击"选择对象"按钮 ，对话框消失，鼠标指针变为拾取状态，选取要进行阵列操作的对象，本例为"圆 A"，然后按回车键，对话框重新出现。

（3）确认阵列结果，直接单击"确定"按钮。需要观察阵列结果时，可以单击"预览"按钮。

> **提 示**
>
> 在"阵列"对话框中，矩阵阵列的参数有3项：行偏移、列偏移和阵列角度。行偏移的值为正时表示向右偏移；列偏移的值为正时表示向上偏移；阵列角度值为正时表示阵列后的图形逆时针旋转，负值则相反。

【**想一想**】 如何通过阵列的方法，得到如图4.28所示的图形。

> **提 示**
>
> 修改阵列的角度值，使阵列后按逆时针方向旋转45°。阵列参数设置如图4.29所示。

【**练一练**】 绘制垫圈图形，如图4.30所示。

图 4.28　阵列效果图

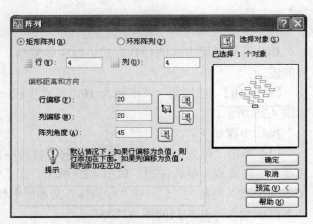

图 4.29　设置阵列参数

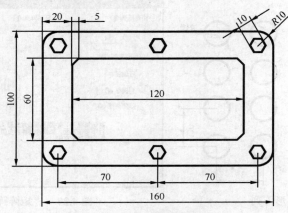

图 4.30　垫圈图形

操作步骤如下。

（1）制作两个矩形，如图 4.31 所示。

① 单击"矩形"命令按钮 ，制作带圆角的外矩形，命令提示如下：

命令：_rectang

指定第一个角点或 [倒角(C)/标高(E)/圆角(F)/厚度(T)/宽度(W)]: f

指定矩形的圆角半径 <0.0000>: 10

指定第一个角点或 [倒角(C)/标高(E)/圆角(F)/厚度(T)/宽度(W)]: 56,56

指定另一个角点或 [尺寸(D)]: @160,100

② 单击"偏移"命令按钮 ，制作内矩形，命令提示如下：

命令：_offset

指定偏移距离或 [通过(T)] <20.0000>: 20　　　　　　　（指定偏移的距离）

选择要偏移的对象或 <退出>:　　　　　　　　　　　　　（选择矩形为偏移对象）

指定点以确定偏移所在一侧:　　　　　　　　　　　　　（在矩形的内部单击鼠标，制作内矩形）

选择要偏移的对象或 <退出>:　　　　　　　　　　　　　（单击鼠标右键结束命令）

③ 对内矩形的 4 个角进行棱角处理。

单击"倒角"命令按钮 ，命令提示如下：

命令: chamfer

("修剪"模式) 当前倒角距离 1 = 5.0000，距离 2 = 5.0000

选择第一条直线或 [多段线(P)/距离(D)/角度(A)/修剪(T)/方式(M)/多个(U)]: d
指定第一个倒角距离 <5.0000>: 5 　　　　(设置截取的长度为5)
指定第二个倒角距离 <5.0000>:
选择第一条直线或 [多段线(P)/距离(D)/角度(A)/修剪(T)/方式(M)/多个(U)]: p
选择二维多段线: 　　　　　　　　　(选择内矩形为截取对象)
（2）生成正多边形孔洞。
① 生成第一个正多边形，如图4.32所示。

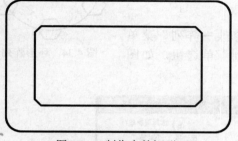

图4.31　制作内外矩形

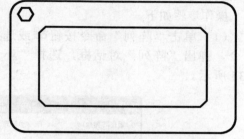

图4.32　生成第一个正多边形

单击"正多边形"命令按钮⬠，命令行提示如下：
命令: _polygon 输入边的数目 <4>: 6
指定正多边形的中心点或 [边(E)]: (捕捉左上角圆弧的圆心作为正多边形的中心)
输入选项 [内接于圆(I)/外切于圆(C)] <I>: c
指定圆的半径: 5
② 将多边形作矩形阵列。
单击"阵列"命令按钮⬚⬚，弹出"阵列"对话框，如图4.33所示。

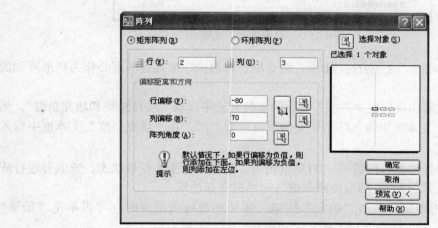

图4.33　"矩阵阵列"选项

　　选择"矩阵阵列"单选钮，在"行"文本框中输入行数，本例为"2"，在"列"文本框中输入列数，本例为"3"，在"行偏移"文本框中输入阵列的行间距，本例为"–80"，在"列偏移"文本框中输入阵列的列间距，本例为"70"。然后单击"选择对象"按钮⬚，对话框消失，鼠标指针变为拾取状态，选取要进行阵列操作的对象，本例为"正六边形"，然后按回车键，对话框重新出现。确认阵列结果，单击"确定"按钮。需要观察阵列结果时，可以单击"预览"按钮。

2. 环形阵列

环形阵列是将所选实体按圆周等距复制，需要确定阵列的圆心、实体的个数以及阵列图形所对应的圆心角等。

【例4.11】已知圆和一个正六边形，六边形中心在圆的90°象限点上，沿圆周绘制6个相同的正六边形，要求圆周均布。效果如图4.34所示。

操作步骤如下。

（1）单击"阵列"命令按钮品或选择"修改→阵列"菜单命令，弹出"阵列"对话框，选择"环形阵列"单选钮，如图4.35所示。

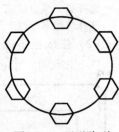

图4.34　环形阵列

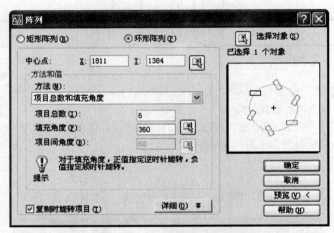

图4.35　"环形阵列"选项

（2）单击"中心点"右边的按钮，对话框暂时消失，捕捉圆的圆心作为环形阵列的中心。

（3）对话框重新出现，在"方法"下面的下拉列表中选取"项目总数和填充角度"，然后在"项目总数"文本框中输入环形填充的项目总数"6"。在"填充角度"文本框中输入填充的角度"360"。

（4）单击"选择对象"按钮，对话框消失，鼠标指针变为拾取状态。选取要进行阵列操作的对象"正六边形"，然后按回车键，对话框重新出现。

（5）确认阵列结果，单击"确定"按钮。需要观察阵列结果时，可以单击"预览"按钮。

提　示

（1）环形阵列中的"填充角度"表示阵列对象的阵列旋转范围，可以直接输入角度值，也可以单击"填充角度"右边的"拾取要填充的角度"按钮，切换到绘图区，在绘图区中通过鼠标单击来获取。

（2）环形阵列有3个参数：项目总数、填充角度和项目间角度。采用其中任意两个参数都可以确定阵列。

4.8 旋　　转

旋转图形时，可以直接输入一个角度，让实体绕选择的基点进行旋转；也可以用规定的 3 个点夹角作为旋转角进行旋转。

1. 直接输入角度旋转

【例 4.12】 将矩形绕 A 点旋转 45°，如图 4.36 所示。

操作步骤如下。

单击"旋转"命令按钮 ⟳，命令提示为：

命令：_rotate
UCS 当前的正角方向： ANGDIR=逆时针　ANGBASE=0
选择对象：　　　　　　　　　　　　　　　　（选择矩形）
选择对象：　　　　　　　　　　　　　　　　（按回车键结束选择）
指定基点：　　　　　　　　　　　　　　　　（捕捉 A 点作为基点）
指定旋转角度，或 [复制(C)/参照(R)] <0>: 45　　（旋转角度，逆时针为正）

提　示

（1）旋转角度有正负之分：逆时针为正值，顺时针为负值。

（2）若以复制方式旋转，则在命令行"指定旋转角度，或[复制(C)/参照(R)] <0>:"，选择参数"C"。

【练一练】 利用旋转命令，绘制如图 4.37 所示的标志。

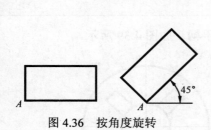

图 4.36　按角度旋转　　　　　　　　　　　　　图 4.37　标志

操作步骤如下。

（1）先绘制圆和多段线 1。

（2）将多段线 1 以复制的方式绕圆心旋转 120°，生成多段线 2。

命令：_rotate
UCS 当前的正角方向： ANGDIR=逆时针　ANGBASE=0
选择对象：　　　　　　　　　　　　　　　　（选择多段线 1）
选择对象：　　　　　　　　　　　　　　　　（按回车键结束选择）
指定基点：　　　　　　　　　　　　　　　　（捕捉圆心）
指定旋转角度，或 [复制(C)/参照(R)] <240>: c　　（选择复制方式旋转）
指定旋转角度，或 [复制(C)/参照(R)] <240>: 120　　（旋转生成多段线 2）

（3）将多段线 1 以复制的方式绕圆心旋转 −120°，生成多段线 3。

2. 参照旋转

【例4.13】 如图4.38所示，已知三角形和矩形，将矩形旋转，使 *CD* 边与 *BC* 边重合。

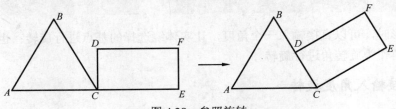

图4.38　参照旋转

操作步骤如下。

单击"旋转"命令按钮，命令提示为：

命令：_rotate
UCS 当前的正角方向：ANGDIR=逆时针　ANGBASE=0
选择对象：　　　　　　　　　　　　（选择矩形）
选择对象：　　　　　　　　　　　　（按回车键结束选择）
指定基点：　　　　　　　　　　　　（捕捉 *C* 点作为矩形旋转的基点）
指定旋转角度，或 [复制(C)/参照(R)]：r（输入"r"，切换到参照旋转方式）
指定参考角 <0>：　　　　　　　　　（捕捉 *C* 点）
指定第二点：　　　　　　　　　　　（再捕捉 *D* 点，把 *CD* 线的角度作为参照角）
指定新角度：　　　　　　　　　　　（捕捉 *B* 点，把 *CB* 线的角度作为新角度）

> **提 示**
>
> 制作机械手柄时，通常先在水平或垂直方向绘制手柄，再利用旋转命令，将图形旋转到需要的角度，以简化绘图的过程。

【练一练】 用参照角度的旋转方法旋转机械手柄，如图4.39所示。

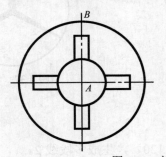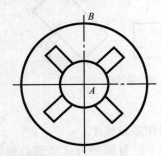

图4.39　旋转机械手柄

操作步骤如下。

（1）先绘制图4.39所示的左图。

（2）将手柄旋转45°。

单击"旋转"命令按钮，命令提示为：

命令：_rotate
UCS 当前的正角方向：ANGDIR=逆时针　ANGBASE=0

选择对象: 指定对角点:	(选择全部图形)
选择对象:	(按住 Shift 键，选择横轴线，将其剔除出选择对象)
选择对象:	(按住 Shift 键，选择竖轴线，将其剔除出选择对象)
选择对象:	(按回车键，结束对象的选择)
指定基点:	(捕捉点 A)
指定旋转角度，或 [复制(C)/参照(R)]: r	(输入 r，进入参照角度模式)
指定参照角 <0>:	(单击 A 点)
指定第二点:	(单击 B 点)
指定新角度: 45	(输入 45，作为参照 AB 边旋转后的角度)

4.9 比例缩放

比例缩放是以指定点为基点进行比例缩放，可分为比例因子缩放、参照缩放两类。

1. 比例因子缩放

比例因子缩放是缩放图形最直接的方法，可以将图形放大和缩小一定的倍率，是常用方法。

【例 4.14】 将一个 100×50 的矩形缩为原来的 50%，如图 4.40 所示。

操作步骤如下。

单击"缩放"命令按钮⬚，命令提示为：

命令: _scale

选择对象:	(选择矩形)
选择对象:	(按回车键结束)
指定基点:	(选择 A 点作为缩放基点)
指定比例因子或 [参照(R)]: 0.5	(输入缩放比例)

2. 参照缩放

参照缩放需要了解缩放后的实体尺寸，无须了解比例因子。

【例 4.15】 已知未知尺寸的六边形，将其缩放为边长为 50 的六边形，如图 4.41 所示。

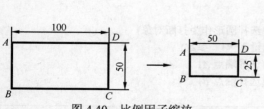

图 4.40 比例因子缩放　　　　图 4.41 参照缩放

操作步骤如下。

单击"缩放"命令按钮⬚，命令提示为：

命令: _scale

| 选择对象: | (捕捉六边形) |
| 选择对象: | (按回车键结束选择) |

指定基点:	（捕捉 *A* 点作为缩放点）
指定比例因子或 [参照(R)]: r	（输入 "r"，执行参照缩放）
指定参考长度 <1>:	（捕捉 *A* 点）
指定第二点:	（捕捉 *B* 点，把 *AB* 作为参照长度）
指定新长度: 50	（输入新长度 50）

4.10　打断和修剪

"打断"和"修剪"命令可以将实体分解为两个部分或将一个实体超出边界的部分剪掉。

1. 打断

"打断"命令可将对象一分为二，也可以删除对象的一部分；可以将直线从中间截去一部分，也可以在直线上产生一个断点，把直线分成两段；还可以将圆和椭圆删除一段弧。

【例 4.16】　"打断"的效果图，如图 4.42 所示。

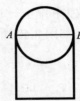 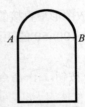

（a）原图　　（b）选择矩形的结果　（c）选择圆形的结果

图 4.42　打断图例

（1）要获得图 4.42（b）所示的效果，操作步骤如下。

单击"打断"命令按钮□，命令提示为：

命令: _break 选择对象:	（选择矩形作为打断对象）
指定第二个打断点 或 [第一点(F)]: f	（键入 "f" 参数）
指定第一个打断点:	（选择端点 *A*）
指定第二个打断点:	（选择端点 *B*）

（2）要获得图 4.42（c）所示的效果，操作步骤如下。

单击"打断"命令按钮□，命令提示为：

命令: _break 选择对象:	（选择圆形作为打断对象）
指定第二个打断点 或 [第一点(F)]: f	（键入 "f" 参数）
指定第一个打断点:	（选择端点 *A*）
指定第二个打断点:	（选择端点 *B*）

> **提　示**
>
> （1）要将对象一分为二并不删除某个部分，输入的第一个点和第二个点应相同。第二点通过输入 "@"，指定与第一点相同。另外，也可以单击"打断于点"命令按钮□来完成。
>
> （2）要删除直线、圆弧或多段线的其中一端时，执行该命令的第一个语句："选择对象"：应捕捉对象要删除的一端的端点；而下一命令行"指定第二个打断点"：应捕捉断点的位置。

【想一想】 该命令如何通过下拉菜单"修改→打断"执行？

2. 修剪

执行"修剪"命令首先要确定修剪边界，以边界为剪刀，再确定要被剪掉的实体，则部分实体被修剪。

【例4.17】 已知一个圆和一个矩形，把圆内的矩形边去除，如图 4.43 所示。

操作步骤如下。

单击"修剪"命令按钮 ，命令提示为：

命令: _trim

当前设置: 投影=UCS 边=无

选择剪切边 …

选择对象: (选择圆作为剪切边界)

选择对象: (按回车键结束选择)

选择要修剪的对象或 [投影(P)/边(E)/放弃(U)]:   (选择圆内的矩形部分)

选择要修剪的对象或 [投影(P)/边(E)/放弃(U)]:   (按回车键结束选择)

【想一想】 如何通过"打断"命令完成例 4.17 的修剪操作？

【练一练】 绘制机械棘轮，如图 4.44 所示。

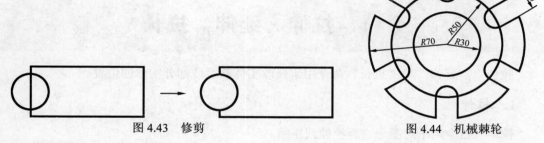

图 4.43　修剪　　　　　　　　　　图 4.44　机械棘轮

操作步骤如下。

（1）制作 3 个同心圆，如图 4.45 所示。

① 执行"圆"命令，绘制出一个半径为 30 的圆。

② 执行"偏移"命令，输入偏移距离为 20，向外偏移，得到两个大圆。

（2）绘制"十"字的辅助线、一个半径为 10 的小圆及小圆的两条 1/4 点切线，并与大圆相交，如图 4.46 所示。

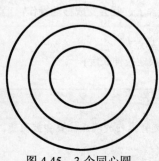

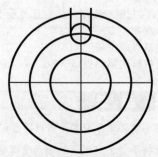

图 4.45　3 个同心圆　　　　　　　图 4.46　绘制圆形及切线

（3）执行"修剪"命令。选择两条与小圆相切的直线和最外边的大圆为边界，修剪多余的部分，得到如图 4.47 所示的效果。

（4）执行"阵列"命令。选择小半圆和两条切线为对象，进行环形阵列，中心点为同心圆的圆心，阵列数为 6 个，阵列后的效果如图 4.48 所示。

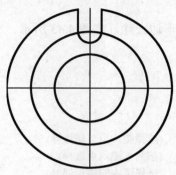
图 4.47　修剪图形

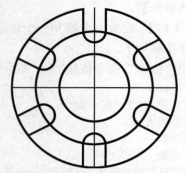
图 4.48　阵列图形

（5）把大圆上多余的部分用"修剪"命令剪掉，并删除"十"字辅助线，最终效果如图 4.44 所示。

4.11　拉伸、延伸、拉长

"拉伸"、"延伸"和"拉长"命令用于修改实体长度或部分实体的位置。

1. 拉伸

"拉伸"命令用于对图形进行拉伸或压缩。

【例 4.18】　已知一个 60×40 的矩形，拉伸为右边的 100×40 的矩形，如图 4.49 所示。

操作步骤如下。

单击"拉伸"命令按钮，命令提示为：

命令:_stretch

以交叉窗口或交叉多边形选择要拉伸的对象...

选择对象:

(从右向左框选矩形，注意选择框不要包含 A、D 点，如果包含了，就会变成移动操作)

选择对象:　　　　　　　　　　　(按回车键结束选择)

指定基点或位移:　　　　　　　　(捕捉 A 点作为拉伸的基点)

指定位移的第二点: @40,0　　　　(指定位移的第二点，决定拉伸长度)

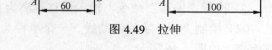
图 4.49　拉伸

> **提示**
>
> 此命令选择实体时必须用框选或交叉多边形选择方式。只有选择框内的端点位置会被改变，框外端点位置保持不变。当实体的端点全部框选时，该命令等同移动命令。

【想一想】 该命令如何通过下拉菜单"修改→拉伸"来执行此命令？

2. 延伸

"延伸"命令用于将分离的实体相交，要求确定延伸边界和需延伸的实体，系统完成延伸过程。

【例4.19】 已知线段 AB 与 CD，延长 AB 与 CD 相交，如图4.50所示。

操作步骤如下。

单击"延伸"命令按钮，命令提示为：

命令：_extend

当前设置：投影=UCS 边=无

选择边界的边 ...   (提示需要选择延伸边界)

选择对象：   (选择线段 CD)

选择对象：   (按回车键结束选择)

选择要延伸的对象或 [投影(P)/边(E)/放弃(U)]： (选择线段 AB)

选择要延伸的对象或 [投影(P)/边(E)/放弃(U)]： (按回车键结束选择)

【想一想】 该命令如何通过下拉菜单"修改→延伸"来执行？

3. 拉长

"拉长"用于将直线或圆弧实体长度伸长或缩短。

【例4.20】 已知直线 AB，将其沿 AB 方向拉长 50，如图4.51所示。

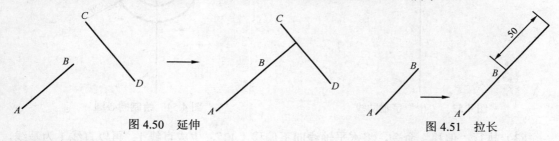

图4.50 延伸   图4.51 拉长

操作步骤如下。

选择"修改→拉长"菜单命令，命令提示为：

命令：_lengthen

选择对象或 [增量(DE)/百分数(P)/全部(T)/动态(DY)]：de

输入长度增量或 [角度(A)] <30.0000>：50   (输入要拉长的长度)

选择要修改的对象或 [放弃(U)]：   (选择线段 AB，且光标靠近 B 端)

选择要修改的对象或 [放弃(U)]：   (按回车键结束)

> **提 示**
>
> 执行"选择要修改的对象"命令行时，若选择点靠近 B 端，则线段沿 AB 方向沿长；反之，若选择点靠近 A 端，则线段沿 BA 方向沿长。

【练一练】 绘制机械配件图，如图4.52所示。

操作步骤如下。

（1）在绘图区中绘制水平和竖直两条相交的直线，长度为"60"和"100"，作为辅助线。如图 4.53 所示。

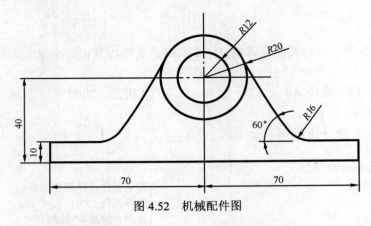

图 4.52　机械配件图

（2）以两条直线的交点为圆心，分别绘制半径为"12"和"20"的两个同心圆，如图 4.54 所示。

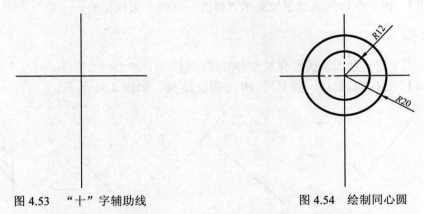

图 4.53　"十"字辅助线　　　　　　　　图 4.54　绘制同心圆

（3）执行"偏移"命令，将水平轴线向下偏移"40"，生成直线 1；再以直线 1 为基线，向上偏移"10"，生成直线 3；将竖直轴线向右偏移"70"，生成直线 2。效果如图 4.55 所示。

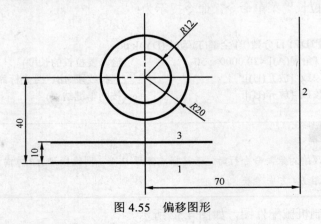

图 4.55　偏移图形

（4）将直线 1、直线 3 延伸到直线 2 的位置，并修剪掉多余的部分，如图 4.56 所示。

（5）绘制直线 4，如图 4.57 所示。

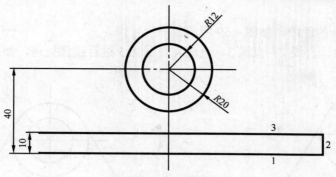

图 4.56 延伸并修剪

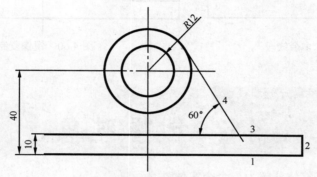

图 4.57 绘制直线 4

单击"直线"命令按钮,命令行提示为:

命令:_line 指定第一点: (外圆的切点为起点)
指定下一点或 [放弃(U)]: @50<-60   (末点为相对极坐标)
指定下一点或 [放弃(U)]:   (按回车键结束命令)

(6)令直线 4 与直线 3 之间生成圆角,半径为 16,如图 4.58 所示。

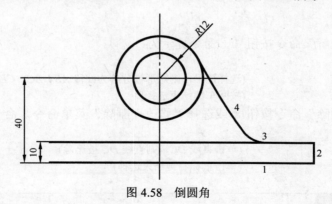

图 4.58 倒圆角

单击"圆角"命令按钮,命令行提示为:

命令:_fillet
当前设置: 模式 = 修剪,半径 = 0.0000
选择第一个对象或 [多段线(P)/半径(R)/修剪(T)/多个(U)]: r
指定圆角半径 <0.0000>: 16
选择第一个对象或 [多段线(P)/半径(R)/修剪(T)/多个(U)]:

选择第二个对象:

（7）删除多余的线段，如图 4.59 所示。

（8）对直线 1、直线 2、直线 3、直线 4 及圆弧 5 进行镜像处理，如图 4.60 所示。

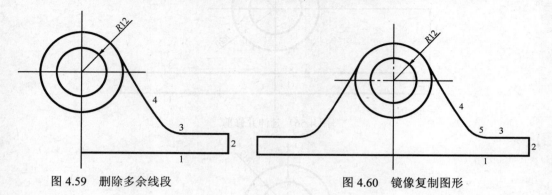

图 4.59　删除多余线段　　　　　　　　图 4.60　镜像复制图形

4.12　分解对象

"分解"命令将整体分解为一个个实体。

【例 4.21】　已知矩形 *ABCD*，要求删除 *CD* 边，如图 4.61 所示。

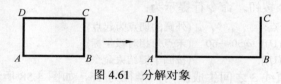

图 4.61　分解对象

操作步骤如下。

（1）单击"分解"命令按钮，命令提示为:

命令: _explode

选择对象:　　　　　　　　　　　　（选择矩形，则矩形被分解为线段 *AB*、*BC*、*CD*、*DA* 四个实体）

选择对象:　　　　　　　　　　　　（按回车键结束选择）

（2）单击"删除"命令按钮，或选择"修改→删除"菜单命令，命令行提示为:

命令: _erase

选择对象:　　　　　　　　　　　　（单击直线 *DC*，则直线 *DC* 被删除）

选择对象:　　　　　　　　　　　　（单击鼠标右键结束选择）

　提　示

图形分解后，图形文件的容量会急剧扩大。

【想一想】　该命令如何通过下拉菜单"修改→分解"来执行此命令？

【练一练】　绘制铝合金窗，如图 4.62 所示。

操作步骤如下。

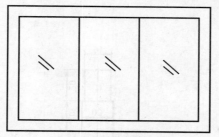

图 4.62　铝合金窗简图

（1）先调用"矩形"命令，绘制窗户的外框；然后调用"偏移"命令，绘制窗户的内框，并利用"分解"命令对内框进行分解。效果如图 4.63 所示。

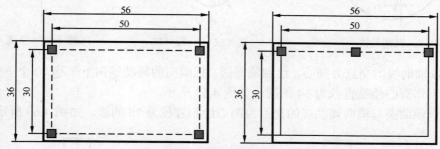

图 4.63　对内框进行分解的效果

（2）修改"点样式"对话框的参数后，执行"定数等分"命令，把直线分成三等分，如图 4.64 所示。然后调用"直线"命令绘制窗户，即可。

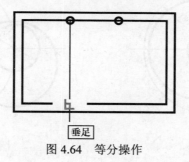

图 4.64　等分操作

4.13　知 识 拓 展

【例 4.22】　绘制机械吊钩的平面图，如图 4.65 所示。

操作步骤如下。

（1）绘制"十"字辅助线，利用"直线"命令绘制吊钩的上半部分，并以辅助线交点为圆心绘制直径为 27 的圆，如图 4.66 所示。

（2）执行"临时追踪点捕捉"命令，捕捉辅助线交点向右 6 个单位的点为圆心，绘制直径为 64 的圆，如图 4.67 所示。

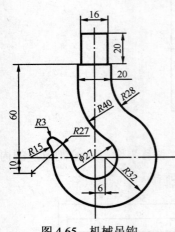

图 4.65　机械吊钩

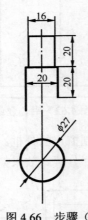

图 4.66　步骤（1）

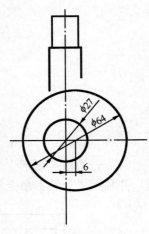

图 4.67　步骤（2）

（3）以辅助线的交点为圆心，绘制辅助圆；把横向的辅助线向下平移 10 个单位，与辅助圆的交点作圆心绘制直径为 54 的圆，如图 4.68 所示。

（4）以辅助圆与横向辅助线的交点为圆心绘制直径为 30 的圆，如图 4.69 所示。

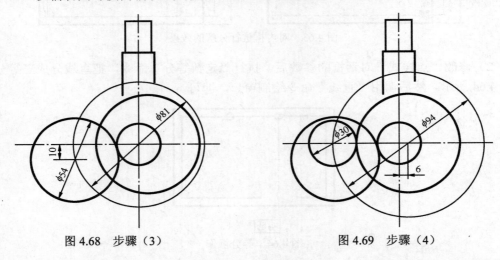

图 4.68　步骤（3）　　　　　　　　　　　图 4.69　步骤（4）

（5）执行"修剪"命令，以辅助圆为边界，对直径为 30 与直径为 54 的圆进行修剪，如图 4.70 所示。

（6）执行"圆角"命令，把两圆弧用半径为 3 的圆角进行修改，如图 4.71 所示。

单击"圆角"命令按钮，命令提示如下：

命令：_fillet

当前设置：模式 = 修剪，半径 = 0.0000

选择第一个对象或 [多段线(P)/半径(R)/修剪(T)/多个(U)]: r　　　（"r"为半径设置）

指定圆角半径 <0.0000>: 3　　　　　　　　　　　　　　　　（圆角半径为 3）

选择第一个对象或 [多段线(P)/半径(R)/修剪(T)/多个(U)]:　　　（单击一个圆弧）

选择第二个对象：　　　　　　　　　　　　　　　　　　　　（单击另一个圆弧）

（7）执行"修剪"命令，对多余的线条进行修剪，如图 4.72 所示。

（8）执行"圆"命令的"切点、切点、半径"法，绘制半径为 28、半径为 40 的两个圆，如图 4.73 所示。

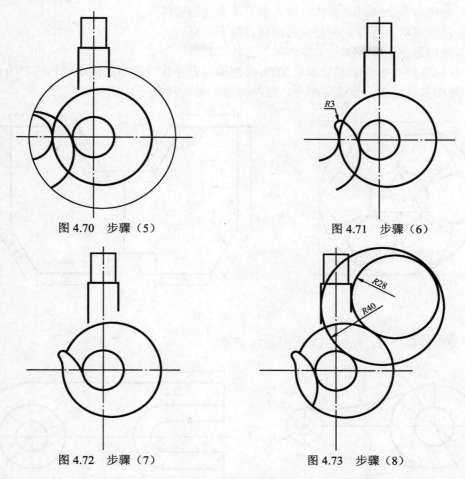

图 4.70　步骤（5）　　　　　　图 4.71　步骤（6）

图 4.72　步骤（7）　　　　　　图 4.73　步骤（8）

（9）执行"修剪"命令，对多余的线条进行修剪。最终效果如图 4.65 所示。

本 章 小 结

　　本章通过大量的实例详细介绍了删除、复制、镜像、偏移、阵列、旋转、修剪、打断、拉伸、延伸、拉长、分解等编辑工具。编辑是极为重要的内容，复杂的图样需要熟练的编辑技巧。

思考与练习

1. 简要回答下列问题。

（1）利用矩形命令绘制矩形后，如何删除一条边？

（2）利用复制命令，如何进行多次复制？

（3）如何将一个倾斜的实体旋转为水平或垂直的实体？

（4）叙述移动命令与复制命令的相同点与不同点。

（5）拉伸命令能够平移一个实体吗？为什么？

（6）使用直线命令绘制多边形后，能够使用偏移命令生成等距的同心结构吗？为什么？

2．使用多重复制、镜像等命令，绘制图形如图 4.74 所示。

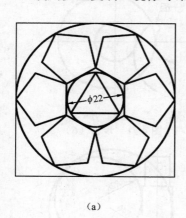

（a）

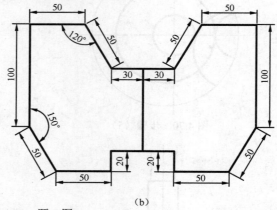

（b）

图 4.74　题 2 图

3．使用偏移命令，绘制图形如图 4.75 所示。

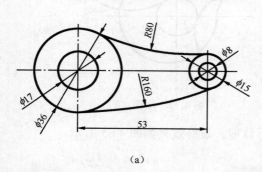

（a）

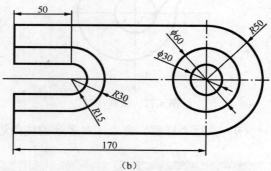

（b）

图 4.75　题 3 图

4．使用阵列等命令，绘制图形如图 4.76 所示。

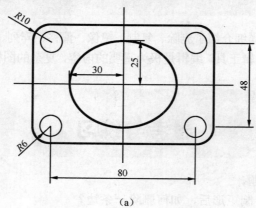

（a）

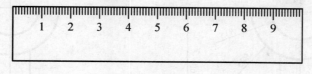

（b）

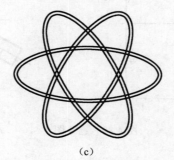

（c）

图 4.76 题 4 图

5. 使用修剪、区域填充等命令，绘制图形如图 4.77 所示。

6. 使用修剪、分解等命令，绘制图形如图 4.78 所示。

（a）

图 4.77 题 5 图

（b）

图 4.78 题 6 图

7. 使用分解、平移、剪切等命令，绘制坐厕的平面图，如图 4.79 所示。

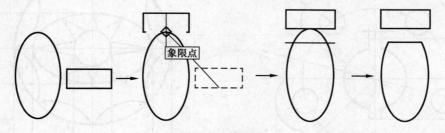

图 4.79 题 7 图

8. 使用旋转命令，绘制机械手柄，如图 4.80 所示。

9. 综合应用题，绘制如图 4.81 所示的各种图形。

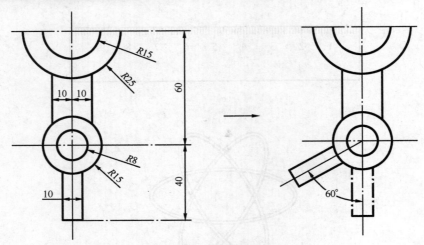

图 4.80　题 8 图

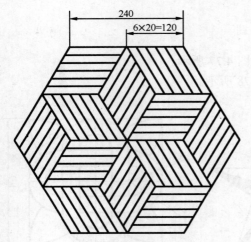

提示：采用阵列方法

（a）

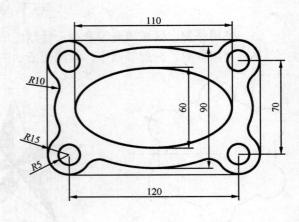

（b）

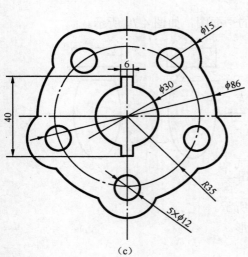

（c）

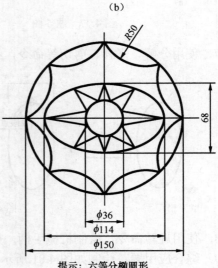

提示：六等分椭圆形

（d）

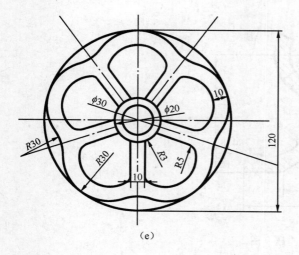

（e）

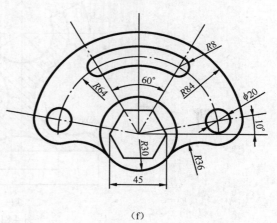

（f）

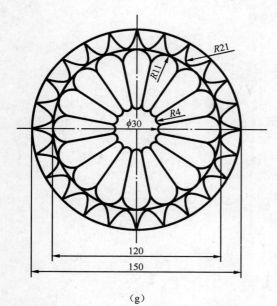

（g）

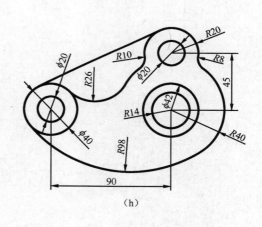

（h）

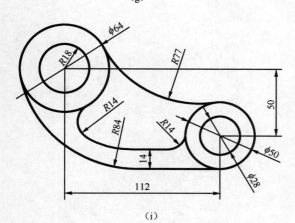

（i）

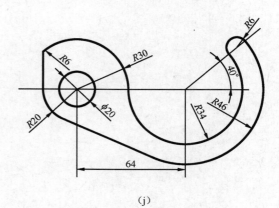

（j）

103

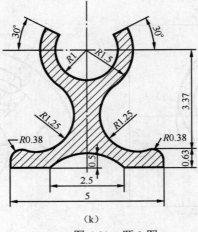

（k）

图 4.81 题 9 图

第 5 章 创建和管理图层

绘制机械图时，不同性质的线应该有不同的线型，如中心线、虚线、轮廓线等，同时还有粗细之分。要得到符合标准的、清晰的图形，需要对线的颜色、线型、线宽等属性进行设置。每次绘图时设置属性非常烦琐。AutoCAD 引进了图层这一概念，图层是用来组织和管理图形的一种方式，在每一个图层中，可以指定一种线型、线宽、颜色等属性。绘制图样时，一般要先行设置各种图层的不同属性。

5.1 线 型 设 置

线型分为实线线型和大量的非连续线型。非连续线型是由一系列短线和空格组成的。

【例 5.1】 绘制如图 5.1 所示的图形，其中"十"字辅助线为点划线。

操作步骤如下。

（1）绘制图形的十字辅助线。

① 选择"格式→线型"菜单命令，打开"线型管理器"对话框，如图 5.2 所示。

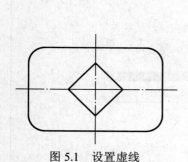

图 5.1 设置虚线

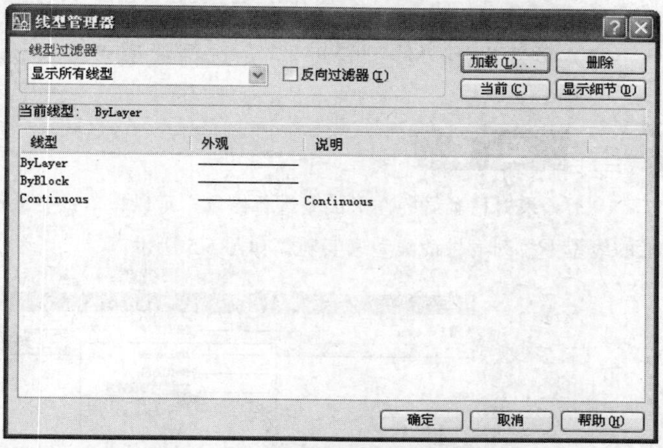

图 5.2 "线型管理器"对话框

② 单击"加载"按钮，打开"加载或重载线型"对话框，如图 5.3 所示。选择一种线型如"CENTER2"，单击"确定"按钮装载，然后返回"线型管理器"对话框。

③ 通过"线型管理器"对话框中的"当前"按钮，将线型"CENTER2"设置为当前线型，如图 5.4 所示，这样就可以用选定的线型来绘制"十"字辅助线了。

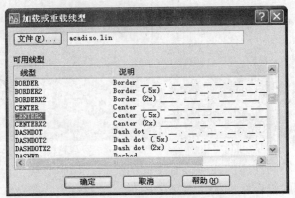

图5.3 "加载或重载线型"对话框

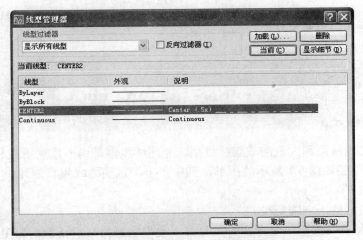

图5.4 将"CENTER2"设置为当前线型

（2）重新调用"线型管理器"，选择线型"Continuous"，绘制图形的实线部分。

 提 示

（1）如果对已画好的图形线型进行修改，可以先单击要进行修改的实体，然后再单击"特性"工具栏的线型下拉列表中的线型来实现，如图5.5所示。

图5.5 "特征"工具栏

（2）绘制非连续线时，会出现显示为连续线的情况，原因是线型的比例因子设置不合理。单击"线型管理器"对话框中的"显示细节"按钮，修改"详细信息"中的"全局比例因子"文本框中的参数，计算方法:若该图的绘图界限已设定为4200mm×2970mm，而系统默认的绘图界限是420mm×297mm，则该图的放大系数应该是4200/420=10，在"全局比例因子"文本框中输入"10"，如图5.6所示。

图 5.6 修改线型比例因子

5.2 线宽设置

线宽是指线条的粗细度。通常图形的线宽应配合图形的大小。

【例 5.2】 设置矩形实体线宽 0.6，菱形实体线宽 0.9，如图 5.7 所示。

操作步骤如下。

（1）在线宽的默认设置下，选择线型"CENTER2"，绘制十字辅助线。

（2）选择"格式→线宽"菜单命令，打开"线宽设置"对话框，选择线宽为"0.60 毫米"，单击"确定"按钮结束选择，如图 5.8 所示。

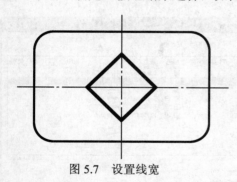

图 5.7 设置线宽

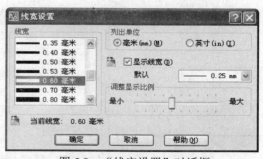

图 5.8 "线宽设置"对话框

（3）绘制线宽为 0.6 的矩形。

（4）同样方法绘制线宽为 0.9 的菱形实体。

（5）绘制完毕，单击状态栏上的"线宽"按钮，使其凹下，显示线宽。

提 示

系统默认设置不显示线宽，要观察线宽是否与图相配，需单击状态栏上的"线宽"按钮使其凹下，显示出线宽。

【想一想】 如何对已画好的图形进行线宽的修改？

5.3 图层设置

绘图过程中，必须明确定义图层，如建筑图通常包括墙、门、窗、文字、尺寸等主要图层。将不同性质的图形放在不同的图层中，对绘图和后期处理非常有帮助。

【例5.3】 设置5个图层，每个图层有不同的名称、颜色、线型和线宽，如表5.1所示。然后再在每个图层上绘制一条直线，如图5.9所示。

表5.1 图层设置的项目

图 层 名	颜 色	线 型	线 宽
尺寸线	蓝色	Continuous	0.2
辅助线	红色	CENTER2	0.3
轮廓线	白色	Continuous	0.4
双点划线	黄色	DIVIDE	0.5
虚线	绿色	HIDDEN	0.6

操作步骤如下。

（1）选择"格式→图层"菜单命令，打开"图层特性管理器"对话框。单击"新建图层"按钮，在新建的各个图层上，分别设置名称、线型、线宽、颜色等特性，如图5.10所示。

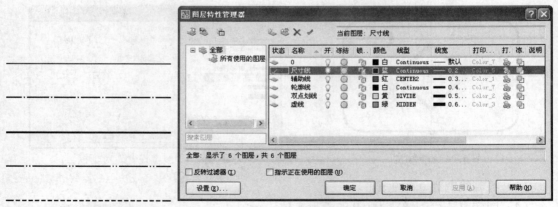

图5.9 打印样式　　　　　图5.10 "图层特性管理器"对话框

（2）单击"尺寸线"图层的"状态"栏，单击"设置为当前"按钮，即当前图层为"尺寸线"，单击"确定"按钮结束，返回绘图工作区，进行尺寸线的绘制。

（3）其他直线的绘制参考步骤（2）的方法即可。在实际应用中，为了方便操作，也可以通过单击"面板"选项板的"图层"选项组的下拉列表，实现图层的切换，如图5.11所示。

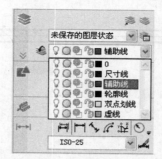

图 5.11 "面板"选项板的"图层"选项组

 提示

（1）图层定义。

图层是组织和管理图形的一种形式。每一个图层可以指定一种线型、线宽和颜色等属性，类似一张没有厚度的透明片，一张图样可以由多个透明片叠放在一起，各层之间完全对齐。图层有名称、线型、线宽、颜色、打开/关闭、冻结/解冻、锁定/解锁、打印特性等特性参数，每一层都围绕上述参数进行设置。其中，冻结参数与锁定参数的含义如下。

冻结状态：若某个图层被设置为冻结状态，则该图层的图形对象不能被显示、打印或重新生成，因此，可以将长期不需要显示的图层冻结，减少复杂图形的重新生成时间。

锁定状态：当图层被设置为锁定状态时，则该图层上的图形对象不能被编辑或选择，但可以查看。此功能对重叠的图形对象有用。

（2）"图层特性管理器"对话框主要选项的含义。

"新建图层"按钮：用于创建新图层。系统默认只有一个图层，即 0 层。单击"新建图层"按钮，可创建一个新图层。

"置为当前"按钮：设置当前图层。单击某个图层，使之亮显，再单击"当前"按钮，即将该图层设为当前使用图层。

"删除图层"按钮✕：删除图层。0 层、当前层及含有图形实体的图层均无法删除。

5.4 知 识 拓 展

【例 5.4】 绘制建筑图如图 5.12 所示。要求墙体、轴线、阴影各存放在不同的图层里，图层设置如表 5.2 所示。

表 5.2 建筑图各图层设置项目一览表

图 层 名	颜 色	线 型	线 宽	图层内容
0	默认值	默认值	默认值	阴影
Axis	红色	Center2	默认值	轴线
Wall	黄色	默认值	默认值	墙体

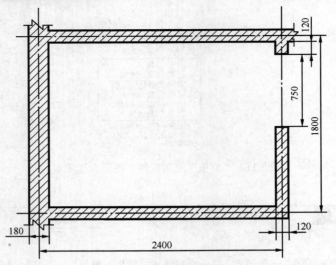

图 5.12　建筑图

操作步骤如下。

（1）设置绘图环境。

① 打开一个新图档，并设置绘图界限为 5940mm×4200mm。

② 依次输入图层名"Axis"、"Wall"，并设"Axis"图层的颜色为"红色"，线型为"Center2"；"Wall"图层的颜色为"黄色"，线型为"默认值"。

③ 设置"Wall"为当前层。

（2）轴线和墙体的绘制。

① 确定轴线位置，如图 5.13 所示。

单击"矩形"命令按钮 □，命令行提示如下：

命令: _rectang

指定第一个角点或 [倒角(C)/标高(E)/圆角(F)/厚度(T)/宽度(W)]: (单击屏幕上任意一点)

指定另一个角点或 [尺寸(D)]: @2400,−1800　　　　　　　　　　　（确定右下角点）

② 制作墙体，如图 5.14 所示。

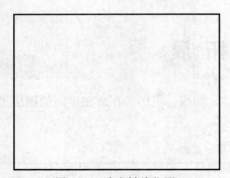

图 5.13　确定轴线位置

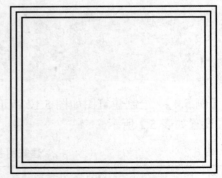

图 5.14　制作墙体

单击"偏移"命令按钮 ，命令行提示如下：

命令: _offset

指定偏移距离或 [通过(T)] <通过>: 60　　　　　　　　　　　　　　（输入偏移量）

选择要偏移的对象或 <退出>:	（单击刚生成的矩形）
指定点以确定偏移所在一侧:	（在矩形外单击鼠标）
选择要偏移的对象或 <退出>:	（重新单击最初生成的矩形）
指定点以确定偏移所在一侧:	（在矩形内单击鼠标）
选择要偏移的对象或 <退出>:	（单击鼠标右键结束）

③ 修改轴线的线型。直接单击最初生成的矩形（即中间一层），然后单击"面板"选项板的"图层"选项组下拉菜单，如图 5.15 所示，选择"Axis"图层后，按回车键，即实现图层转换操作。若图层的线型没有虚线的效果，还需要单击"修改→特性"菜单命令修改"线型比例"，本例的线型比例为 5。

④ 制作墙体延伸的边界。再次单击"偏移"命令按钮，把最外边的墙线向外平移 60 个单位，得到的图形将成为墙体延伸的边界，如图 5.16 所示。

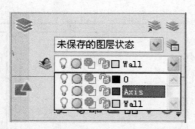

图 5.15 "图层"工具栏（转换图层）

图 5.16 制作墙体延伸的边界

⑤ 将 4 个矩形的边转换为单线。单击"分解"命令按扭，将完成 4 个矩形的整体性解除。

⑥ 冻结轴线。单击"面板"选项板的"图层"选项组下拉菜单，打开图层控制窗口，单击"Axis"图层一行中的小太阳图标，使之变为雪花状图标，表示该图层被冻结，如图 5.18 所示。完成操作后，效果如图 5.17 所示。

图 5.17 冻结轴线

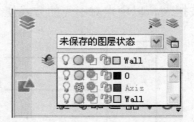

图 5.18 "图层"工具栏（冻结轴线）

⑦ 修改左边墙体的宽度。外层矩形左边的垂直线段没有用处，可以先将其删除。由于左边垂直墙体的宽度为 180，因此，应再次单击"偏移"命令按钮，将它们分别向左、向右移动 30 个单位，然后把原来的墙体删除，如图 5.19 所示。

⑧ 延伸墙体。单击"延伸"命令按钮，以最外层 3 条线段为界，分别在左下角、左上角和右上角延伸墙体，如图 5.20 所示。

图 5.19　修改左边墙体的宽度

图 5.20　延伸墙体

⑨ 删除辅助线。延伸墙体后，删除外围的 3 条辅助线，如图 5.21 所示。

⑩ 修改墙体。单击"修剪"命令按钮，选择所有墙线为边界，依次剪去墙体中的线段，如图 5.22 所示。

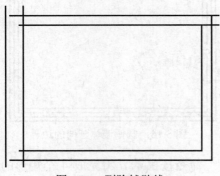

图 5.21　删除辅助线

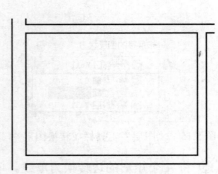

图 5.22　修改墙体

（3）折断线符号的制作。

① 调整视窗。单击"窗口缩放"命令按钮，放大图形的左上角，然后单击"直线"命令按钮连接两条墙线，如图 5.23 所示。

② 制作折断线。单击"直线"命令按钮，在窗口空白处适当位置单击一点；然后，输入"@100<-45"确定线段的终点，画一条长度为 100 的斜线；最后，单击"移动"命令按扭，以中点对中点的方式使之与两条墙线相连的直线对齐，如图 5.24 所示。

图 5.23　调整视窗

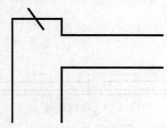

图 5.24　制作并移动斜线

单击"直线"命令按钮，分别从斜线的两个端点向水平线段作垂线，并单击"修剪"命令按钮，剪去它们之间的水平线段，如图 5.25 所示。

单击"缩放"命令按钮，以斜线段的中点为基准点，将折段符号（共 5 条线段）放大 1.5 倍，如图 5.26 所示。

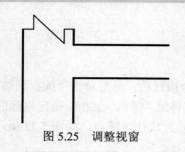

图 5.25 调整视窗

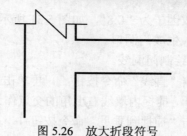

图 5.26 放大折段符号

（4）复制折段线符号。

① 将折段线符号复制到墙体的左下角。

在命令行键入"zoom"命令，选择 A 参数，重新调整视窗使墙体全部呈现，然后单击"复制"命令按钮 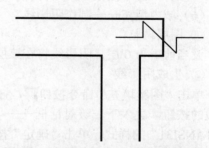，将上面做好的折段线符号复制到墙体的下端，基准点可参考该符号与墙线的交点，使它与下端墙线的端点对齐，如图 5.27 所示。

② 将折段线符号复制到墙体的右上角。

单击"直线"命令按钮，连接两条墙线的右端点。然后再单击"复制"命令按钮，选取折段线符号，基准点选取符号中斜线的中点；第二点（对齐点）为连线的中点，如图5.28 所示。最后删除连线，如图 5.29 所示。

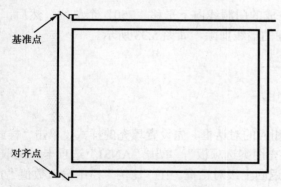

基准点

对齐点

图 5.27 将折段线符号复制到墙体的左下角

图 5.28 制作连线并复制右端折段线符号

③ 将复制后的折段线符号旋转 90°。

单击"旋转"命令按钮，选取刚刚复制过来的折段线符号，指定斜线的中点为基准点，然后输入"90"为旋转角度，如图 5.30 所示。

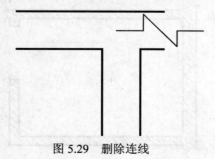

图 5.29 删除连线

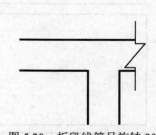

图 5.30 折段线符号旋转 90°

④ 改变右上角符号图形的比例。

单击"缩放"命令按钮，选择右上角的折段线符号，指定斜线段的中点为基准点，输入缩放因子为"0.8",如图 5.31 所示。

（5）生成门洞口。

① 绘制门洞线。

单击"直线"命令按钮，再单击"捕捉自"命令按钮，然后单击"捕捉到端点"命令按钮，捕捉内墙线右上角的交点作为基点，输入偏移值"@ 0，-120"，确定直线的起点，然后单击"捕捉到垂足"命令按钮，捕捉最右边的垂直线作为终点，如图 5.32 所示。

图 5.31　改变图形的比例　　　　　　　　图 5.32　绘制门洞线

② 修改门洞图形。

单击"偏移"命令按扭，将刚刚生成的门洞线向下平移"750"个单位；然后，再单击"修剪"命令按钮，将门洞线之间的墙线剪除，如图 5.33 所示。

（6）域内填充——制作阴影线。

① 图层调整。

设当前层为 0 层，阴影线将在该层制作。

② 生成阴影线。

单击"图案填充"命令按钮，打开相应的对话框。先设置填充的样式，单击"样式"右边的按钮，进入下一级对话框——"填充图案选项板"，单击"ANSI"选项卡，选取名为"ANSI31"的样式，单击"确定"按钮返回上级对话框。在"比例"栏中输入数值"15"（本次的绘图界限已设定为 5940mm×4200mm，而系统默认的绘图界限是 420mm×297mm，因此，该图的放大系数应该是 4200/297≈15）。

单击"拾取点"按钮，在墙体内单击一点，按回车键结束选择，系统会重新回到"边界图案填充"对话框。最后单击"确定"按钮，生成的阴影线效果如图 5.34 所示。

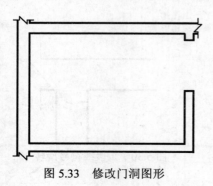

图 5.33　修改门洞图形

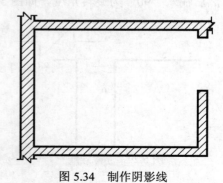

图 5.34　制作阴影线

（7）图形的后期调整。

① 重新打开图层管理窗口，使"Axis"图层解冻，而其他图层冻结。然后单击"偏移"命令按钮，将 4 条轴线向外平移 300 个单位，作为轴线的延伸边界，如图 5.35 所示。

② 单击"延伸"命令按扭 ，将 4 条轴线向外延伸。

③ 删除 4 条延伸边界线。

④ 将所有图层解冻，效果如图 5.36 所示。

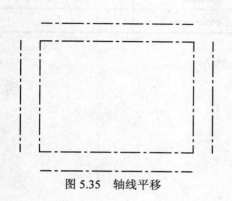

图 5.35　轴线平移

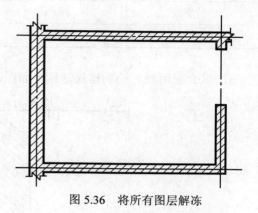

图 5.36　将所有图层解冻

本 章 小 结

本章重点讲述了图层的设置管理和特性编辑，如通过"线型管理器"对线型进行重新定义、加载，通过"对象特性"工具栏对图形对象的属性进行快速查询和编辑，通过"图层特性管理器"建立、查询、编辑层的属性。

思 考 与 练 习

1. 简要回答下面问题。

（1）为什么要设置图层？

（2）图层有哪些属性和状态？

（3）为什么要设置线型比例？如何设置线型比例？

（4）如果只想打印出一幅样图中的一个图层对象，如何操作？

（5）如何采用最快捷的方法，对已画好的图形进行线宽的修改？

（6）颜色、线型、线宽的默认设置是什么？

2. 绘制由 8 个正三角形构成的图形，如图 5.37 所示。要求：尺寸自定，图形必须放置在相应的图层下，图层设置如表

图 5.37　题 2 图

5.3 所示。

表 5.3　　　　　　　　　　　　　　　　图层设置的项目

图 层 名	颜 色	线 型	线 宽
外轮廓线	黑色	Continuous	0.5
内轮廓线	黑色	Center2	默认值
剖面线	红色	Continuous	0.3

3．综合应用题。绘制建筑基础平面图，如图 5.38 所示。

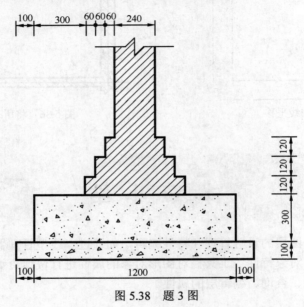

图 5.38　题 3 图

要求如下。

（1）设置合适的图幅。

（2）建立以下图层：

① 基础轮廓层，层名为 BASE-L，颜色为绿色，线型为 Continuous。

② 填充层，层名为 BASE-H，颜色为黄色，线型为 Continuous。

（3）在 BASE-L 层绘制基础轮廓线，线宽为 0.5。

（4）在 BASE-H 层对基础轮廓层进行填充，并在基础的最下一层中利用多义线随意绘制若干砾石，不要求与图示中砾石的位置、数量一致。

第6章 块 操 作

块是含有一组图形或文本的一个实体总称，块中每个图形实体保留其独立的图层、线型和颜色特征。块中所有实体作为一个整体来处理，可以根据需要将块按一定的比例缩放、旋转，插入到指定的位置。插入块后，也可以对其进行阵列、复制、删除、镜像等编辑操作。块的引入提高了绘图效率，简化了相同或者类似结构的绘制。

块的功能如下。

（1）提高绘图速度。绘图时，可以定义一些重复出现的图样、符号等为块，根据需要可将块按一定的比例缩放、旋转，插入到指定的位置，提高了绘图的速度。

（2）节省存储空间。保存对象的类型、位置、图层、线型、颜色等的相关信息要占用存储空间。如果将对象定义成块，可以节约磁盘空间。

（3）便于修改。如果使用块绘制的图样有错误，可以修改图样后重新定义块，图中相对应的块均会自动地修改。

（4）加入属性。系统允许为块创建某些文字属性变量，可以根据需要输入，非常实用。

（5）资源共享。可以保存常用块，可随时调用，实现资源共享。

6.1 块 的 定 义

块在使用前必须先定义。

【例 6.1】 将"表面粗糙度的符号"定义为块。

操作步骤如下。

（1）绘制表面粗糙度的符号，如图 6.1 所示。

（2）在"面板"选项板的"二维绘图"选项区中单击"创建块"命令按钮 🗄，弹出"块定义"对话框，如图 6.2 所示。

图 6.1 表面粗糙度的符号

① 在"名称"文本框中输入块的名字为"粗糙度"。

② 在"基点"选项组，单击"拾取点"按钮 🔼，返回绘图区，捕捉角点"A"作为块的基点，如图 6.3 所示。捕捉完毕，返回对话框。

③ 在"对象"选项组，单击"选择对象"按钮 🔼，返回绘图区，选中整个"表面粗糙度符号"。选择完毕，返回对话框。

④ 单击"确定"按钮保存新建的块。

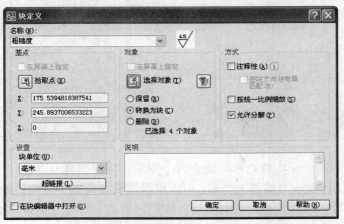

图 6.2 "块定义" 对话框

图 6.3 "A" 为块的基点

提 示

（1）用户可以将任何重复使用的图形符号、部分图形实体、整个视图定义成一个块，然后进行插入块的操作，可对插入块进行阵列、复制、删除、镜像等编辑操作。

（2）"块定义" 对话框中各项的意义如下。

① "名称" 文本框：在名称列表框中指定块名，可以是中文或由字母、数字、下划线构成的字符串，最长可达 255 个字符。

② "基点" 选项组：在块插入时作为参考点。可以用两种方式指定基点：一种是单击 "拾取点" 按钮，在图形窗口捕捉基点，如例 6.1；另一种是在 "X"、"Y" 和 "Z" 右边的文本框中分别输入坐标值确定块的基点。

③ "对象" 选项组：指定块中定义的对象。可以用构造选择集的各种方式，将组成块的对象放入选择集。选择完毕，重新显示对话框，并在选项组下部显示：已选择 X 个对象。其中：

"保留" 单选按钮，指创建块后仍在绘图窗口上保留构成块的各个对象；

"转换为块" 单选按钮，指创建块后将组成块的各个对象保留并把它们转换成块；

"删除" 单选按钮，指创建块后删除绘图窗口上组成块的原对象。

④ "方式" 选项组：设置组成块的对象的显示方式。其中：

"按统一比例缩放" 复选框，指对象是否按统一比例进行缩放；

"允许分解" 复选框，指对象是否允许被分解。

⑤ "说明" 文本框：用来输入当前块的说明部分。

（3）该命令还可以通过 "绘图→块→创建" 菜单命令执行。

6.2 块 的 插 入

已定义的块可以插入到当前的图形文件中。插入块时，需确定要插入的块名、插入点的位置、插入的比例系数以及块的旋转角度等几组特征参数。下面介绍插入块的方法。

【**例 6.2**】 将例 6.1 定义的名为"粗糙度"的块插入到实体的指定位置中，如图 6.4 所示。操作步骤如下。

（1）将粗糙度符号插入到矩形长边的中点位置。

① 单击"插入块"命令按钮，弹出"插入"对话框，对话框设置如图 6.5 所示。

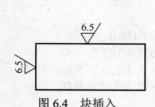

图 6.4　块插入

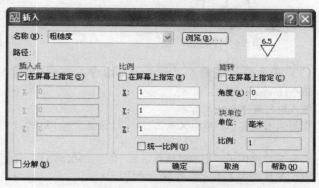

图 6.5　"插入"对话框

② 设置完毕后，单击"确定"按钮返回绘图区，捕捉矩形长边的中点即可。

（2）将粗糙度符号插入到矩形短边的中点位置。

① 单击"插入块"命令按钮，弹出"插入"对话框。在"名称"下拉列表中选择要插入的块"粗糙度"，在"角度"文本框中输入"90"。

② 设置完毕后，单击"确定"按钮，返回绘图区，捕捉矩形短边的中点即可。

 提　示

（1）插入的块是作为一个整体来处理的，可以根据需要进行按比例缩放、旋转后插入到指定的位置。

（2）"插入"对话框中各选项的含义如下。

① "名称"下拉列表框：在此下拉列表中选择要插入块的名称。本例中，块的名称为"粗糙度"。

② "插入点"选项组：用于设置块的插入点。选中"在屏幕上指定"复选框，在执行插入块命令时，系统提示指定插入点；如果不选择此项，可以直接在 X、Y、Z 文本框中输入坐标值，指定插入点位置。

③ "比例"选项组：用于设置块的插入比例。选中"在屏幕上指定"复选框，在执行插入块命令时，系统提示指定缩放因子；如果不选择此项，可以直接在 X、Y、Z 文本框中输入 3 个方向的比例。

④ "旋转"选项组：用于设置插入块时的旋转角度。选中"在屏幕上指定"复选框，在屏幕上指定旋转角度；如果不选择此项，可以直接在"角度"文本框中输入角度值。

（3）该命令可以通过"插入→块"菜单命令执行。

【**例 6.3**】 将图 6.6 所示的图形定义成名为"标志"的块，然后进行多重插入，效果如图 6.7 所示。

操作步骤如下。

（1）先绘制出样图，如图 6.6 所示。

（2）将图形定义成名为"标志"的块。

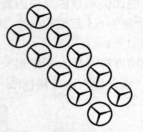

图 6.6 "标志"块　　　　　　　　　　　　　　图 6.7 多重插入后效果

（3）在命令行中输入"minsert"命令，按回车键，命令行提示如下：

命令: minsert

输入块名或 [?] <aa>:标志

指定插入点或 [比例(S)/X/Y/Z/旋转(R)/预览比例(PS)/PX/PY/PZ/预览旋转(PR)]:

　　　　　　　　　　　　　　　　　　　　　　　　　　（单击屏幕上任意一点）

输入 X 比例因子，指定对角点，或 [角点(C)/XYZ] <1>:1　　（输入 X 方向比例系数）

输入 Y 比例因子或 <使用 X 比例因子>:1　　　　　　　　（输入 Y 方向比例系数）

指定旋转角度 <0>: 45

输入行数 (---) <1>: 5

输入列数 (|||) <1>: 2

输入行间距或指定单位单元 (---): 230

指定列间距 (|||): 230

提示

（1）如果在一幅图形中要插入多个块，使用命令: minsert，该命令相当于 Insert 命令和 array 命令的组合，但是不能按环形阵列复制。

（2）用 minsert 命令插入的多个块作为一个整体被插入，不能单独编辑阵列中的每一个块，也不能使用"分解"命令。

【练一练】 将"厘米刻度"、"毫米刻度"分别定义成块，然后利用"定距等分"命令将块转成三角尺的刻度，如图 6.8 所示。

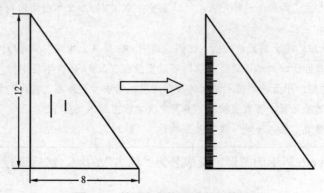

图 6.8 利用块参数进行定距等分

（1）单击"直线"命令按钮 ✏，绘制直角三角尺及刻度，如图 6.8（左）所示。

（2）单击"打断"命令按钮 ▢，将三角尺需要进行刻度的一边打断。断点为刻度最大值的最近点，如图 6.9 所示。

命令提示如下：

命令: _break 选择对象:　　　　　　　（选择需要进行刻度的一边作为打断对象）
指定第二个打断点或 [第一点(F)]: f
指定第一个打断点:
（<对象捕捉 关> 单击"捕捉最近点"命令按钮 ，选定长度大约为 10 的位置作为断点）
指定第二个打断点: @　　　　　　　（"@"表示第一个断点与第二个断点在相同的位置）

（3）定义长直线作为"厘米刻度"的块，其中："名称"为"厘米"；"基点"为直线的任一端点；"对象"选择整条直线，如图 6.10 所示。

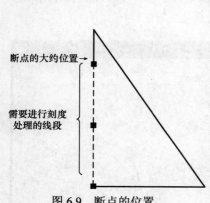

图 6.9　断点的位置

图 6.10　定义"厘米刻度"为块

（4）同理，定义短直线作为"毫米刻度"的块，块名称为"毫米"。

（5）选择"绘图→点→定距等分"菜单命令，利用"厘米"块将线段进行等分处理。如图 6.11 所示。命令行提示如下：

命令: _measure
选择要定距等分的对象:　　　　　　（选择需要进行刻度处理的线段，如图 6.9 中的虚线部分）
指定线段长度或 [块(B)]: b　　　　　（调用块参数）
输入要插入的块名: 厘米
是否对齐块和对象？ [是(Y)/否(N)] <Y>: y
指定线段长度: 1　　　　　　　　　　（设定 1 个单位长度为 1cm）

（6）单击"镜像"命令按钮 ，对刻度进行镜像处理，如图 6.12 所示。

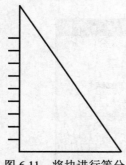

图 6.11　将块进行等分

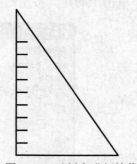

图 6.12　对刻度进行镜像

命令提示如下：

命令: _mirror

选择对象: 指定对角点:　　　　　(选择表示厘米刻度的直线)

选择对象:　　　　　　　　　　(捕捉三角尺需进行刻度的一条边的两个端点)

指定镜像线的第一点: 指定镜像线的第二点:

是否删除源对象? [是(Y)/否(N)] <N>: y

（7）用同样的方法，进行"毫米"的等分处理，效果如图6.8右图所示。

6.3 存 储 块

在 AutoCAD 2008 中，使用 WBLOCK 命令可以将块以文件的形式写入磁盘，以便在其他绘图文档中调用，实现资源共享。

【例6.4】把图6.1定义成块，名称为"粗糙度"，并写入磁盘，然后将其插入到新的绘图文档中。

（1）选择"绘图→块→创建"菜单命令，弹出"块定义"对话框，定义"图6.1"为块，名称为"粗糙度"。

（2）在命令行输入"WBLOCK"命令，系统打开"写块"对话框。在对话框的"源"选项组中，选择"块"单选按钮，然后在其后的下拉列表中选择创建的块"粗糙度"；在"目标"选项组的"文件名和路径"文本框中输入文件名和路径。设置完毕后，单击"确定"按钮，如图6.13所示。

图 6.13 "写块"对话框

（3）打开新的绘图文档，选择"插入→块"菜单命令，弹出"插入"对话框。单击"名称"文本框后面的"浏览"按钮，弹出"选择图形文件"对话框，选择创建的名为"粗糙度"的块，单击"打开"按钮，返回"插入"对话框。对话框的其他设置如图6.14所示，设置完毕，单击"确定"按钮结束。

图 6.14 "插入"对话框

（4）在新图档中，单击鼠标即可插入块。

6.4 创建属性块

为了增强块的通用性，允许为块附加一些文本信息，称之为属性。插入有属性的块时，可以根据具体情况，通过属性为块设置不同的文本信息。常用块属性尤为重要。如机械制图中的表面粗糙度，可以有多种数值，若设置了块属性，插入粗糙度符号时，会提示用户输入表面粗糙度数值。

属性块中的属性是块的一个组成部分，不同于块中的一般文本。删除块时，将同时删除属性；插入块时，需要根据属性提示输入属性值。同一个定义块，在不同的插入点可以有不同的属性值。

【例6.5】 建立带属性的块，如图6.15所示。

操作步骤如下。

（1）定义块属性。

① 绘制构成块的图形，如图6.16所示。

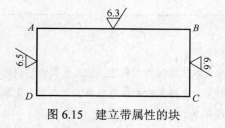

图6.15 建立带属性的块

图6.16 绘制块

② 选择"绘图→块→定义属性"菜单命令，弹出"属性定义"对话框，如图6.17所示进行属性设置，设置完毕后，单击"确定"按钮返回绘图区，单击文本的插入点（文本插入点从 W 位置开始，如图6.18所示），完成属性块的定义。

图6.17 "属性定义"对话框

图6.18 属性标记

（2）建立带属性的块。

单击"创建块"命令按钮 🔲，弹出"块定义"对话框，在"名称"文本框中输入块名"带属性的块"，选取构成块的对象时，需要将图形和属性全部选中，其余设置同例 6.1 中的块定义。设置完毕后单击"确定"按钮。

（3）在矩形的 *AD* 边上，插入带属性的块，如图 6.19 所示。

单击"插入块"命令按钮 🔲，弹出"插入"对话框，在"名称"下拉列表中选择"带属性的块"，单击"确定"按钮退出对话框，命令行提示如下：

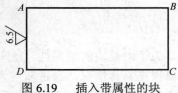

图 6.19　　插入带属性的块

命令：_insert
指定插入点或 [比例(S)/X/Y/Z/旋转(R)/预览比例(PS)/PX/PY/PZ/预览旋转(PR)]: r
指定旋转角度: 90　　　　　　　(指定旋转的角度为 90°)
指定插入点:　　　　　　　　(捕捉插入点为 *AD* 线的中点)
输入属性值
请输入粗糙度值 <6.3>: 6.5　　　(将属性的默认值修改为 6.5)

（4）在矩形的其他边上插入带属性的块。

操作方法参照步骤（3），只需修改旋转角度和粗糙度的值。插入属性块后的效果如图 6.15 所示。

提　示

（1）建立带属性的块的意义。

块附加一些文本信息可以增强其通用性，这些文本信息称之为属性。插入有属性的块时，可以根据具体情况，通过属性为块设置不同的文本信息。图 6.1 中建立的块虽然也有文本，但不是属性，并不实用。创建一个有属性的块分为两步：属性定义和块定义。

（2）"属性定义"对话框主要选项的含义如下。

"属性"选项组：用于定义块的属性。其中，"标记"文本框用于输入属性的标记；"提示"文本框用于设置命令行显示的提示信息；"默认"文本框用于输入属性的默认值。

"插入点"选项组：用于设置属性值的插入点。用户可以直接在 X、Y、Z 文本框中输入点的坐标，也可以单击"拾取点"按钮，在绘图窗口拾取一点作为插入点。

（3）本例是在"命令提示行"下修改"名称"、"缩放比例"和"旋转"各选项值，也可以直接在"插入"对话框中修改以上各选项的值。

6.5　知识拓展

【例 6.6】　利用块操作命令绘制一张电路图，如图 6.20 所示。

（1）开启一个新图档。选择"文件→新建"菜单命令，并设置绘图界限为 594mm×420mm。

（2）设置网格与步距。选择"工具→草图设置"菜单命令，弹出"草图设置"对话框，选择"捕捉和栅格"选项卡，在"捕捉和栅格"选项卡中，间距都设为 10，并单击"启用捕捉"和"启用栅格"复选框，打开网格显示。完成设置后，单击"确定"按钮退出，如图 6.21 所示。

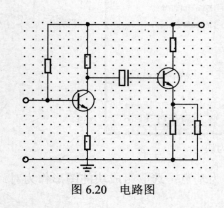

图 6.20 电路图

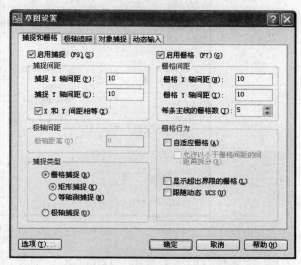

图 6.21 设置网格与步距

（3）在命令行键入"zoom"命令，放大绘图区域，绘制电路图中各种符号图形，如图 6.22 所示。

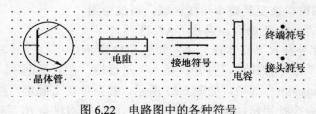

图 6.22 电路图中的各种符号

提 示

终端符号是一个内径为 1，外径为 3 的圆环；接头符号是一个内径为 0，外径为 3 的实心圆。

（4）将各种符号图形定义为块。单击"创建块"命令按钮 或选择"绘图→块→创建"菜单命令，弹出"块定义"对话框，设置如下。

① 设置晶体管的块名称为"Transistor"；捕捉圆的四分之一点作为基点；选取组成块的图形作为对象；单击"确定"按钮结束块的定义操作，如图 6.23 所示。

② 设置电阻的块名称为"Resistor"；捕捉左边垂直线的中点作为基点；选取组成块的图形作为对象；单击"确定"按钮结束块的定义操作。

③ 设置接地符号的块名称为"Ground"；捕捉垂直线段的端点作为基点；选取组成块的图形作为对象；单击"确定"按钮结束块的定义操作。

④ 设置电容的块名称为"Capacity"；捕捉左边垂直线的中点作为基点；选取组成块的图形作为对象；单击"确定"按钮结束块的定义操作。

⑤ 设置终端符号的块名称为"Connector"；捕捉圆心作为基点；选取组成块的图形作

为对象；单击"确定"按钮结束块的定义操作。

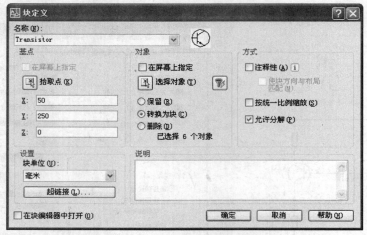

图 6.23 定义"晶体管"为块

⑥ 接头符号的块名称为"Terminal"；捕捉圆心作为基点；选取组成块的图形作为对象；单击"确定"按钮结束块的定义操作。

（5）完成电路图。现在已生成电路图所需的符号图形，且将符号图形定义为块，再将这些符号插入恰当位置，就可以完成电路图的绘制。

① 重新将绘图窗口恢复到整个绘图区域，以观全图。

在命令行键入"zoom"命令，选择"A"选项。

② 在网格点 B 处插入"晶体管"块，如图 6.24 所示。

单击"插入块"命令按钮，打开"插入"对话框。在对话框中，单击"名称"下拉列表框，选择"Transistor"选项，如图 6.25 所示。然后单击"确定"按钮退出对话框，返回绘图窗口。屏幕命令行提示：要求指定插入点，则单击网格点 B，插入"晶体管"块。

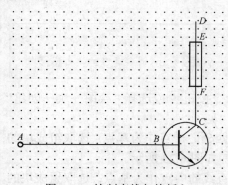

图 6.24 绘制直线与块插入

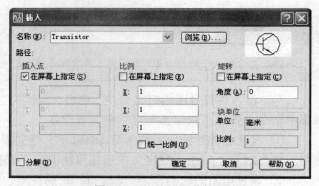

图 6.25 插入"晶体管"块

③ 绘制线段 AB 和线段 CD，如图 6.24 所示。

按 F8 键进入正交锁定状态，然后单击"直线"命令按钮，绘制线段 AB 和线段 CD。

④ 插入终端块，如图 6.24 所示。

重新调用"插入块"命令，按上面同样的方法，在 A 点处插入名为"Connector"的块，大小维持不变。

⑤ 插入电阻块，如图 6.24 所示。

调用"插入块"命令，按上面同样的方法选择块名为"Resistor"，并在"旋转"选项组中，修改"角度"右边的文本框值为"90"，单击"确定"按钮退出后，在适当位置上进行插入。

⑥ 将电阻内部的线段删除，如图 6.26 所示。

单击"打断"命令按钮，命令提示为：

命令: _break 选择对象:　　　　(选择直线 CD)

指定第二个打断点或 [第一点(F)]: f

　指定第一个打断点:　　　　(捕捉第一个断点 E)

　指定第二个打断点:　　　　(捕捉第二个断点 F)

⑦ 用类似上述的方法完成该电路图，最终效果如图 6.20 所示。

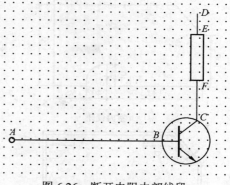

图 6.26　断开电阻内部线段

本 章 小 结

本章详细地介绍了块的使用方法，学习了创建块、插入块、存储块、建立带属性的块、块的属性编辑等。块操作是简化绘图的重要途径，并可以实现资源的共享。

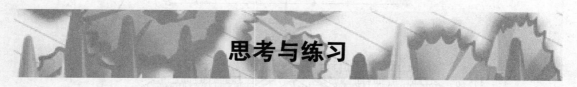

思考与练习

1．简要回答下面问题。

（1）块名称如何构成？

（2）定义块后，可以进行什么操作？请举例说明。

（3）定义块时，为什么要设置块的基点？

（4）块和属性块有什么不同点？

（5）建立带属性块的意义是什么？

（6）复制命令与块命令的相同点与不同点是什么？

2．先绘制房屋及桌椅的平面图，如图 6.27（a）所示。然后利用偏移命令，制作墙体的厚度，并将桌椅定义成块，插放到合适的位置，如图 6.27（b）所示。

3．先绘制矩形、厘米刻度和毫米刻度，如图 6.28（a）所示。然后利用块操作命令，将"厘米刻度"、"毫米刻度"分别定义成块，再调用"定距等分"命令将块转成直尺的刻度，如图 6.28（b）所示。

4．把三极管、电阻、电容、接地等符号先定义成块，然后再调用块绘制电路图，如图 6.29 所示。

5．综合应用题。草绘房屋的立面图，然后利用属性块的方法定义标高，如图 6.30 所示。

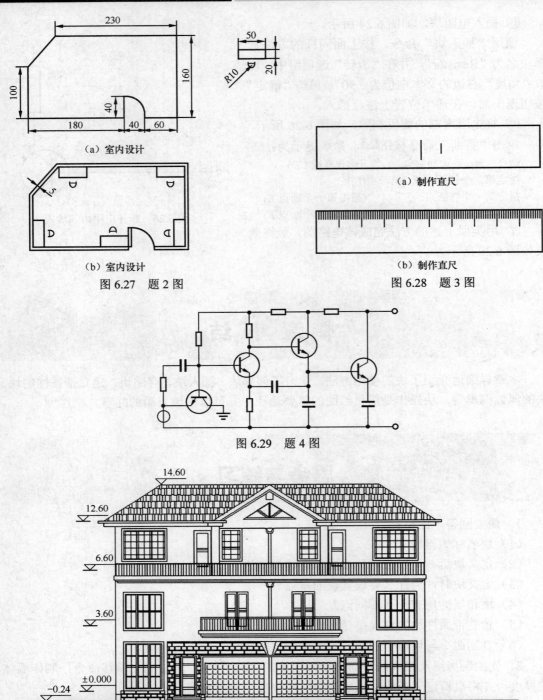

（a）室内设计

（b）室内设计

图 6.27　题 2 图

（a）制作直尺

（b）制作直尺

图 6.28　题 3 图

图 6.29　题 4 图

图 6.30　题 5 图

第 7 章　创建文本和表格

文本对象是 AutoCAD 图形中很重要的图形元素，是机械制图和工程制图中不可缺少的组成部分。在一个完整的图样中，通常都包含文字注释和表格，来标注图样中的一些非图形信息。另外，AutoCAD 2008 新增一个创建表格功能，可以创建不同类型的表格，还可以在其他软件中复制表格，以简化制图操作。

7.1　文　本　输　入

AutoCAD 提供了单行输入与多行输入两种文字输入方式。所谓的单行输入，是将输入的文字，每一行单独作为一个实体对象来处理。相反，多行输入即无论输入多少文字，都作为一个实体对象来处理。单行文本中，可以分别移动各行文字；多行文本中，不能单独移动每行文字，必须整体移动文字。

1. 单行文本输入

【例 7.1】 输入两行文字：第一行为"机械绘图"，第二行为"基础教程"。文字的大小为 40，字体为"隶书"。输入完毕后，将两行文字分别移入两个矩形框中，如图 7.1 所示。操作步骤如下。

（1）选择"绘图→文字→单行文字"菜单命令，命令提示为：

命令: _dtext
当前文字样式:"Standard" 文字高度: 2.5　注释性:否　　　（显示当前文字样式和字高）
指定文字的起点或 [对正(J)/样式(S)]:　　　　　　　　（单击屏幕上任意一点）
指定高度 <2.5000>: 40　　　　　　　　　　　　　　（输入文字的大小）
指定文字的旋转角度 <0>:　　　　　　　　　　　　　（按回车键）

然后，在屏幕中输入文字。输入完一行文字后，按 Enter 键换行，再输入另外一行文字。输入完毕后，连续按两次 Enter 键结束，如图 7.2 所示。

机械绘图　基础教程

图 7.1　输入结果

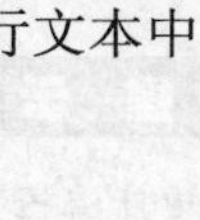

机械绘图
基础教程

图 7.2　输入文字

（2）选中输入的文字，选择"格式→文字样式"菜单命令，弹出"文字样式"对话框，如图 7.3 所示。根据对话框中的提示，修改"字体名"选项为"隶书"，效果如图 7.4 所示。

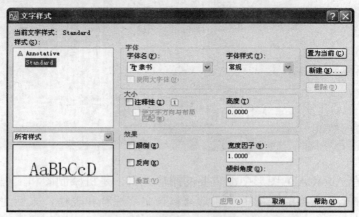

图 7.3 "文字样式"对话框

（3）绘制两个 250×55 的矩形框，利用"移动"命令，分别将两行文字移到矩形框内。

机械绘图
基础教程

图 7.4 修改字体为隶书

单击"移动"命令按钮，命令提示为：

命令：_move
选择对象： (单击需要移动的文字)
选择对象： (单击鼠标右键结束选择)
指定基点或位移： (单击文字左上角作为基点)
指定位移的第二点或 <用第一点作位移>： (单击矩形框内左上角一点作为目标点)

提 示

（1）若重新编辑文字，可双击相应的文字，系统在该文字四周显示出一个方框，用户可以直接修改对应的文字，但不可以修改文字的字体、字号等属性，如图 7.5 所示。

机械工程绘图

图 7.5 编辑文字

（2）在"文字样式"对话框的"字体"选项组中，当没有选中"使用大字体"复选框时，在"字体名"下拉列表中显示各种中文字体，若字体名称前带有符号"@",表示字体为竖向；当选中"使用大字体"复选框时，其下拉列表显示亚洲语言（包括汉语、日语、韩语等）使用的大字体文件。

2. 多行文本输入

【**例 7.2**】 输入文字，设置文字大小为 15，字体为"华文新魏"，颜色为"蓝色"。输入完毕后，将文字移入矩形框内，如图 7.6 所示。

多行文字输入命令，用于输入内部格式比较复杂的多行文字。与单行文字输入命令不同的是，输入的多行文字是一个整体，每一单行不再是一个单独的文字对象。

图 7.6 输入结果

操作步骤如下。

（1）启动多行文字命令。

单击"多行文字"命令按钮 **A**，命令行提示如下：

命令：_mtext 当前文字样式:"Standard" 当前文字高度:2.5 （显示默认值）

指定第一角点：

（在屏幕上指定第一个角点）

指定对角点或 [高度(H)/对正(J)/行距(L)/旋转(R)/样式(S)/宽度(W)]：

(拖曳鼠标，在屏幕上指定第二个角点，如图7.7所示)

（2）文字的输入与编辑。

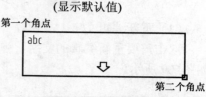

图7.7 确定矩形框

确定两个角点后，弹出"多行文字编辑器"，在编辑器包含的"文字格式"工具栏上修改文字的属性，然后输入文本，单击"确定"按钮结束，如图7.8所示。

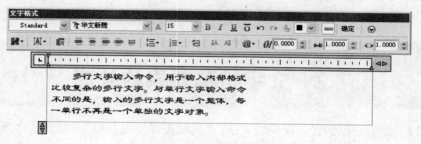

图7.8 多行文字编辑器

（3）绘制矩形框，利用"移动"命令，将文字移到矩形框内。

提 示

（1）若重新编辑文字，双击需要修改的文字，弹出"多行文字编辑器"，可进行文字的修改、添加、删除及文字属性设置等操作。

（2）可以在多行文字编辑器包含的"文字格式"工具栏中修改文字的属性，也可以单击鼠标右键，弹出快捷菜单，进行文本的"剪切"、"复制"、"粘贴"等编辑操作，还可以调用特殊符号进行文本操作。

（3）该命令还可以通过"绘图→文字→多行文字"菜单命令执行。

【练一练】 给直尺填写数字刻度，如图7.9所示。

图7.9 填写数字刻度

操作步骤如下。

（1）启动多行文字输入命令。

输入文字"1"，并设置合适的字体和字号。

（2）复制文字。

使"正交"模式处于"开"状态，将"1"字连续复制8次，如图7.10所示。

图 7.10　复制数字

（3）重新编辑文字。

双击需要重新编辑的文字，弹出多行文字编辑器，可以重新输入文字。修改后的结果如图 7.9 所示。

> **提 示**
>
> 填写数字刻度也可以采用阵列的方式复制后，再进行重新编辑文字；若采用文字命令逐个刻度进行输入，则很难对齐刻度之间的位置。

7.2　文字特殊效果的处理

【例 7.3】　显示一行倒置、反向的文字："机械工程绘图基础"，如图 7.11 所示。

操作步骤如下。

（1）设置"文字样式"。

① 选择"格式→文字样式"菜单命令，弹出"文字样式"对话框如图 7.12 所示。

图 7.11　输入结果

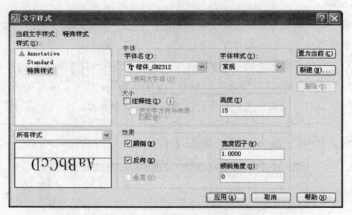

图 7.12　"文字样式"对话框

② 建立新样式。单击"新建"按钮，弹出"新建文字样式"对话框。在对话框中的"样式名"文本框中输入新样式名"特殊样式"，单击"确定"按钮结束。

③ 修改"字体"选项。设置"字体名"为"楷体"。

④ 修改"大小"选项。设置"高度"为"15"。

⑤ 修改"效果"选项。选择"颠倒"及"反向"两个复选框。

设置完毕后单击"应用"按钮，再次单击"应用"按钮，退出对话框。

（2）输入文字。

选择 "绘图→文字→单行文字" 菜单命令，命令行提示为：

命令: _dtext

当前文字样式:"特殊样式" 文字高度:15.0000　注释性:否　　　（显示默认值）

指定文字的起点或 [对正(J)/样式(S)]:　　　　　　　　　（单击屏幕上任意一点）

指定文字的旋转角度 <0>:　　　　　　　　　　　　　　（按回车键）

然后，在屏幕中输入文字，输入完成后，连续按两次 Enter 键结束。

提 示

（1）只有"单行文字"命令，才能输出"文字样式"的特殊效果。

（2）"文字样式"命令可以通过"格式→文字样式" 菜单命令执行，也可以通过单击"样式"工具栏上的命令按钮 ![]执行。

7.3 特殊字符的输入

【例 7.4】 输入 5 行文字，其显示效果如图 7.13 所示。

操作步骤如下。

选择 "绘图→文字→单行文字" 菜单命令，命令行提示为：

命令: _dtext

当前文字样式: Standard 当前文字高度: 30.0000

指定文字的起点或 [对正(J)/样式(S)]:　　　　　　（鼠标在屏幕上单击一点作为起点）

指定高度 <30.0000>:20　　　　　　　　　　　　（文字大小为 20 个单位）

指定文字的旋转角度 <0>:　　　　　　　　　　　（按回车键，保留默认值）

然后，从键盘输入 " %%uAutoCAD%%u<Enter>45%%d<Enter>%%oAutoCAD%%o<Enter>%%p0.001<Enter>%%c50<Enter>"，在屏幕上的显示如图 7.13 所示。输入完毕后，连续按两次 Enter 键结束。

注：AutoCAD 常用的控制码如表 7.1 所示。

AutoCAD
45°
AutoCAD
±0.0001
φ50

图 7.13 特殊字符样例

表 7.1　　　　　　　　　　常用的控制码

控 制 码	功 能
%%o	加上划线
%%u	加下划线
%%d	度符号
%%p	正/负符号
%%c	直径符号
%%%	百分号

【例 7.5】 输入文字，显示效果如图 7.14 所示。

$$\varnothing 80{}^{H8}_{f8} \qquad 80{}^{-0.03}_{-0.104} \qquad {}^{62}\!/_{78}$$

图 7.14　特殊字符样例

操作步骤如下。

（1）单击"多行文字"命令按钮**A**，输入文字如图 7.15 所示。

注：当输入"%%C"时，系统自动转换成符号"Φ"。

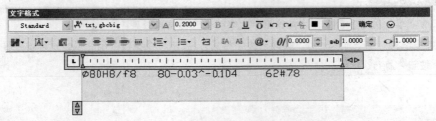

图 7.15　输入文字

（2）拖曳鼠标，定义堆叠字符串"H8/f8"，并单击"堆叠"按钮，如图 7.16 所示。

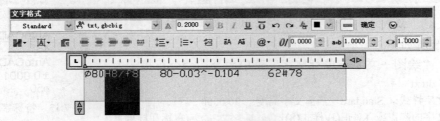

图 7.16　执行"堆叠"

（3）按步骤（2）的方法，分别定义堆叠字符串"-0.03^-0.104"和"62#78"，并单击"堆叠"按钮。

 提　示

　　"堆叠"按钮的作用是：当选择了可以堆叠的文字后，再选择该按钮，可以将位于符号"/"左面的文字放在分子上，右面的文字放在分母上；含有符号"^"的字符串，堆叠后为左对正的公差值；含有符号"#"的字符串，堆叠后为被斜线"/"分开的分数。此外，如果选中堆叠的文字并单击按钮，使其弹起，则会取消堆叠。

7.4　创建及编辑表格

　　在 AutoCAD 2008 中，可以使用创建表格命令创建表格，还可以从 Microsoft Excel 中直接复制表格，并将其作为 AutoCAD 表格对象粘贴到图形中，也可以从外部直接导入表格对象。

1. 创建表格

【例 7.6】 在 AutoCAD 2008 中创建如图 7.17 所示的表格。要求：文字字高为 3.5，字体为楷体，单元格数据居中。

产 品 明 细 表			
序 号	名 称	件 数	备 注
1	螺母	40	GB27
2	螺栓	40	GB41
3	压板	6	蓝色
4	压块	6	蓝色

图 7.17　表格

操作步骤如下。

（1）定义符合表格要求的文字样式。设置文字样式名为"样式 2"，字高为 3.5，字体为楷体，如图 7.18 所示。

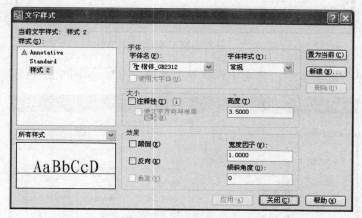

图 7.18　定义文字样式

（2）定义符合表格要求的表格样式。

① 单击"格式→表格样式"菜单命令，弹出"表格样式"对话框，如图 7.19 所示。

② 单击"表格样式"对话框中的"新建"按钮，系统弹出"创建新的表格样式"对话框，如图 7.20 所示。在"新样式名"文本框中输入"表格 1"，单击"继续"按钮，弹出"新建表格样式"对话框。

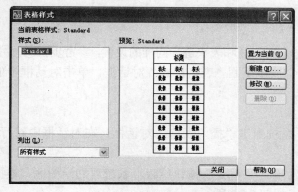

图 7.19　"表格样式"对话框

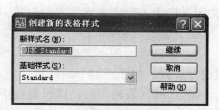

图 7.20　"创建新的表格样式"对话框

③ 修改"新建表格样式"对话框的"基本"选项卡，将"对齐"设为"正中"，如图
7.21 所示。

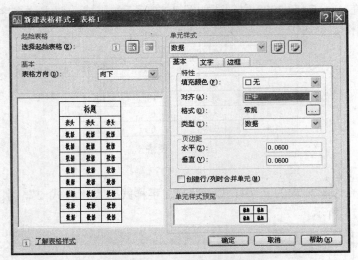

图 7.21　设置表格数据的基本特性

④ 在"文字"选项卡中，将文字样式设为"样式 2"，如图 7.22 所示。

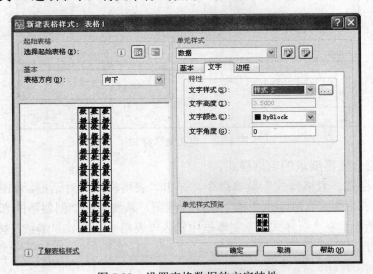

图 7.22　设置表格数据的文字特性

⑤ 通过下拉列表，如图 7.23 所示，分别对标题和表头进行同样的设置，参考步骤③、④。

⑥ 表格样式设置完毕，单击"确定"按钮返回"表格样式"对话框，单击对话框中的
"关闭"按钮，完成表格样式的创建。

（3）创建表格。

① 单击"绘图→表格"菜单命令，系统弹出"插入表格"对话框。在对话框中对行、
列进行设置，如图 7.24 所示。

② "插入表格"对话框设置完毕后，单击"确定"按钮结束，系统返回绘图区，根据
提示确定表格的起始位置，并填写表格，如图 7.25 所示。

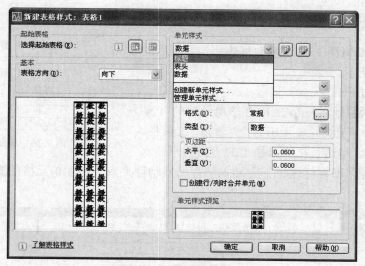

图 7.23 设置表格标题特性

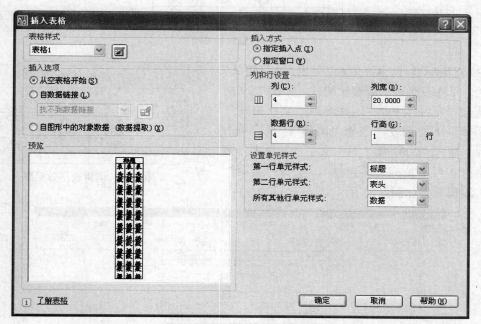

图 7.24 "插入表格"对话框

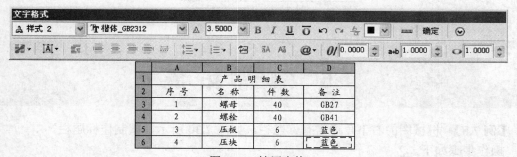

图 7.25 填写表格

2. 编辑表格

【例7.7】 编辑图7.17所示数据表格，编辑后的效果如图7.26所示。

操作步骤如下。

（1）单击标题行，AutoCAD 在该单元格的 4 条边上各显示一个夹点，并显示出一个"表格"工具栏，如图 7.27 所示。单击表格工具栏上的"在下方插入行"命令按钮 ，即在标题行下方插入一行。拖动行夹点，增加单元格的高度，编辑效果如图7.28所示。

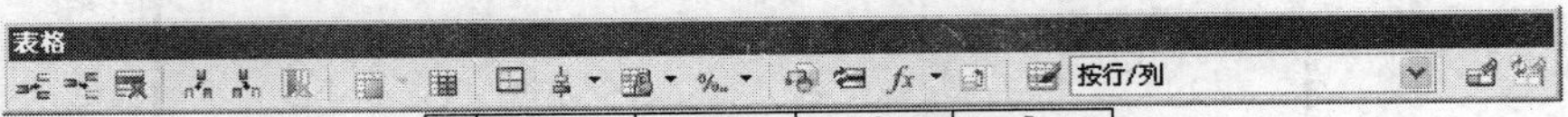

产品明细表			
			2007 年 7 月
序 号	名 称	件 数	备 注
1	螺母	40	GB27
2	螺栓	40	GB41
3	压板	6	蓝色
4	压板	6	蓝色

图 7.26 编辑表格

图 7.27 编辑标题行

（2）双击标题行，AutoCAD 弹出"文字格式"工具栏，并将表格显示成编辑模式，如图 7.29 所示。框选"产品明细表"，并单击"文字格式"中"字体"下拉列表，选择"黑体"；鼠标单击第二行，输入"2007 年 7 月"文字，并单击"多行文字对正"下拉列表按钮 ，选择"右中"选项，编辑效果如图7.26所示。

产品明细表			
序 号	名 称	件 数	备 注
1	螺母	40	GB27
2	螺栓	40	GB41
3	压板	6	蓝色
4	压板	6	蓝色

图 7.28 编辑表格效果图

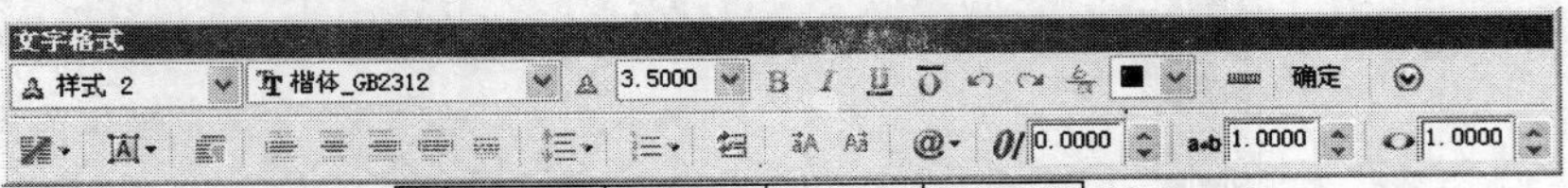

图 7.29 编辑表格

7.5 知 识 拓 展

【例7.8】 机械图的右下角通常有标题栏，如图7.30所示，试制作标题栏。

操作步骤如下。

（1）打开 Excel，创建如图7.30所示的表格，然后将其命名为"表格"保存。

标记	处数	更改文件号	签字	日期	模板三视图及立体图		
设 计			标准化		图样标记	重量	比例
校 对			批 准				
审 核							
工 艺			日 期		共 张		第 张

图 7.30　标题栏

（2）单击"绘图→表格"菜单命令，系统弹出"插入表格"对话框。在对话框"插入选项"选项组中，单击"自数据链接"单选按钮，并通过单击"启动'数据链接管理器'"按钮，弹出"选择数据链接"对话框，如图 7.31 所示。

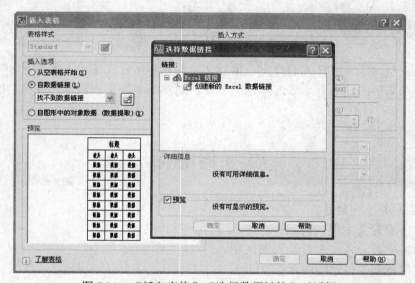

图 7.31　"插入表格"、"选择数据链接"对话框

（3）在"选择数据链接"对话框中，单击"创建新的 Excel 数据链接"按钮，弹出"输入数据链接名称"对话框，如图 7.32 所示。

（4）在"名称"文本框中输入表格名称"表格"，单击"确定"按钮，弹出"新建 Excel 数据链接：表格"对话框，单击选择文件按钮，选择文件所在的文件夹，单击"确定"按钮结束，如图 7.33 所示。

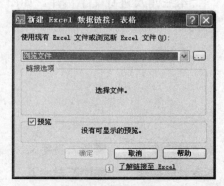

图 7.32　"输入数据链接名称"对话框　　　图 7.33　"新建 Excel 数据链接：表格"对话框

139

（5）系统返回"插入表格"对话框，单击"确定"按钮，在绘图区域插入表格。

提 示

（1）在 AutoCAD 2008 中创建复杂表格的方法，一般采用导入法，即在 Excel 软件中创建表格，然后再在 AutoCAD 2008 中直接导入表格对象。

（2）由于 AutoCAD 系统默认设置不显示线宽，所以要使导入的表格显示线宽，需单击状态栏上的"线宽"按钮。

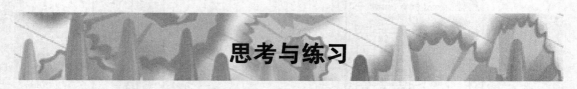

本 章 小 结

本章主要学习了文字样式的设定、单行文字输入和多行文字输入的意义和方法、文字的编辑、特殊文字的输入等。通过本章的学习，能熟练掌握文本输入和编辑功能。

思考与练习

1. 简要回答下列问题。

（1）如何设置文本样式？

（2）简述单行输入与多行输入的区别。

（3）如何重新编辑已经输入的文本？

（4）编辑"单行文字"命令输入的文本与编辑"多行文字"命令输入的文本有何不同？

（5）分别写出以下控制码的含义：

%%o   %%u   %%d   %%p   %%c   %%%

（6）如何在"多行文字编辑器"中进行复制文本操作？

2. 绘制文本如图 7.34 所示，要求先定义文本样式文件。

3. 绘制文本如图 7.35 所示。

4. 给三角尺进行文字标注，如图 7.36 所示。

文字样式编辑　　文字样式编辑

文字样式编辑　　文字样式编辑

图 7.34　题 2 图

120°
B12
A28 ±15
$\phi 100^{-0.001}_{-0.002}$

图 7.35　题 3 图

图 7.36　题 4 图

5．绘制标题栏，如图 7.37 所示。

图（a）要求："轴承端盖"字体为"楷体"，高度为"8"；其他文字字体为"宋体"，高度均为"5"。

图（b）要求：文字高度均为 5，第一、四列字体为"宋体"，第六列字体为"楷体"。

设计		轴承端盖			
制图				比例	
审核		材料		数量	

(a)

		比例		共
		件 数		张
		重 量		第
制 图				
描 图				张
审 核				

(b)

图 7.37 题 5 图

6．综合应用题，如图 7.38 所示。

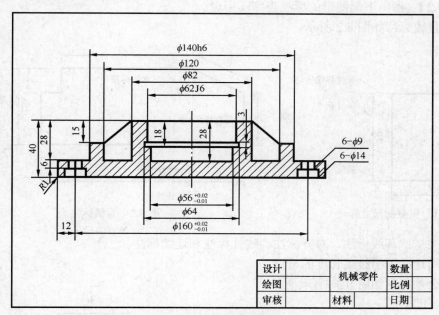

设计		机械零件		数量	
绘图				比例	
审核		材料		日期	

图 7.38 题 6 图

尺寸标注显示对象的长度、角度、圆心、公差等测量值。

8.1　标注的组成、类型及用途

【例 8.1】　指出一个完整的标注由哪 4 个部分组成。

标注是由尺寸界线、尺寸线、尺寸文字及箭头 4 部分组成，如图 8.1 所示。

【例 8.2】　指出下面图形的标注类型及用途。

（1）直线标注如图 8.2 所示。

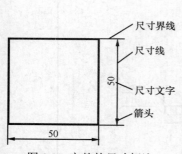

图 8.1　完整的尺寸标注

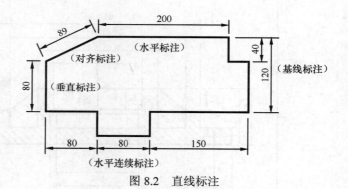

图 8.2　直线标注

标注类型：基线标注、对齐标注、线性标注和连续标注。

标注用途：用于线条长度的量度。

（2）公差标注如图 8.3 所示。

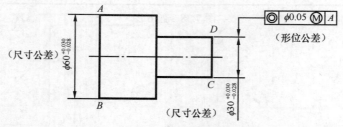

图 8.3　公差标注

标注类型：形位公差和尺寸公差。

标注用途：尺寸公差标注尺寸的允许误差范围。

形位公差标注形状、位置的允许变动量。

（3）其他标注如图8.4所示。

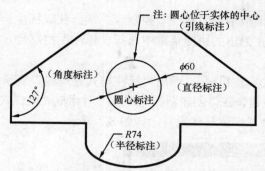

图8.4　径向标注、角度标注、引线标注

标注类型：径向标注、角度标注、引线标注、圆心标注。

其中径向标注包括半径标注和直径标注。

标注用途：径向标注测量圆或圆弧的半径或直径。

角度标注测量角度。

引线标注创建注释和引线，将文字和对象在视觉上链接在一起。

圆心标注确定圆或圆弧的圆心。

> **提示**
>
> （1）尺寸标注为以下类型：直线标注、角度标注、径向标注、坐标标注、引线标注、公差标注、圆心标注以及快速标注等。各种尺寸标注类型所对应的用途不同，标注的过程应准确掌握标注目的，合理使用标注命令。
>
> （2）一张零件图中公差标注必不可少。公差直接决定机件的加工成本和使用性能，合格产品必须在公差范围内加工。

8.2　尺　寸　标　注

1. 调用标注工具栏，并创建新的尺寸样式

【例8.3】　新建名为"基本样式"的尺寸样式，将其设为当前样式。

操作步骤如下。

（1）调出标注命令。

方法一： 通过显示"标注"工具栏，从而获取标注命令。在任意工具栏的非工具按钮位置上单击鼠标右键，弹出一个快捷菜单，先选择"ACAD"工作组，然后再选择"标注"工具栏名称，弹出"标注"工具栏如图8.5所示。

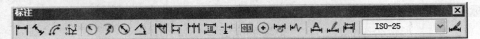

图 8.5　"标注"工具栏

方法二：通过显示面板中的"标注"控制台，从而获取标注命令。在面板非命令按钮区域上单击鼠标右键，在弹出的快捷菜单中选择"标注"控制台。

（2）创建尺寸样式。

① 单击"标注样式"按钮，弹出"标注样式管理器"对话框，如图 8.6 所示。

② 单击"新建"按钮，在"创建新标注样式"对话框"新样式名"文本框中输入样式名称"基本样式"，其余项保留默认设置，如图 8.7 所示。

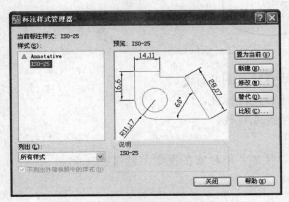

图 8.6　"标注样式管理器"对话框

图 8.7　"创建新标注样式"对话框

③ 单击"继续"按钮，进入"新建标注样式：基本样式"对话框，如图 8.8 所示。

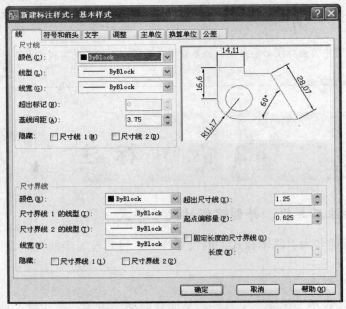

图 8.8　"新建标注样式：基本样式"对话框

④ 单击"确定"按钮，返回"标注样式管理器"对话框。

⑤ 选择"样式"下面文本框的尺寸样式名为"基本样式",单击"置为当前"按钮,"基本样式"被设置为当前的尺寸样式,如图 8.9 所示。

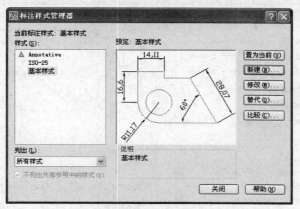

图 8.9 "标注样式管理器"对话框

 提 示

本章涉及的标注工具图标,全部从"标注"工具栏或"标注"控制台中调用。

2. 尺寸样式的设置及标注

【例 8.4】 尺寸标注,如图 8.10 所示。

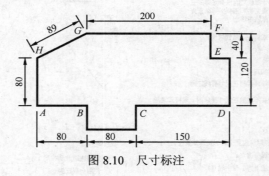

图 8.10 尺寸标注

操作步骤如下。

(1)创建新的标注样式。

按例 8.3 的步骤,创建"基本样式 1",设置为当前尺寸样式。单击"标注样式管理器"对话框中的"修改"按钮,进入"修改标注样式:基本样式 1"对话框,进行修改。

(2)修改标注样式。

① 修改"线"选项卡中的内容,如图 8.11 所示。

只需修改"尺寸界线"选项组中的"起点偏移量"选项,将输入框中的数值修改为"3",使尺寸界线与实体之间有一定的偏移距离。其他选项保持默认值。

② 修改"调整"选项卡中的内容,如图 8.12 所示。

只需修改"标注特征比例"选项组中的"使用全局比例"选项,将输入框中的数值修改为"3.5"，使标注比例放大 3.5 倍。

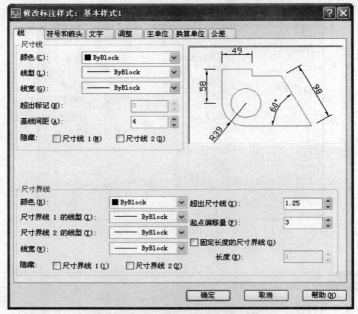

图 8.11 "直线和箭头"选项卡

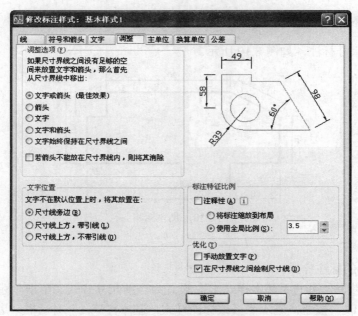

图 8.12 "调整"选项卡

③ 修改"主单位"选项卡中的内容，如图 8.13 所示。

只需修改"线性标注"选项组中的"精度"选项，将输入框中的内容修改为"0"，使标注保证为整数类型即可。

（3）对图形设置标注。

① 对线段 *AD* 之间的尺寸进行标注。

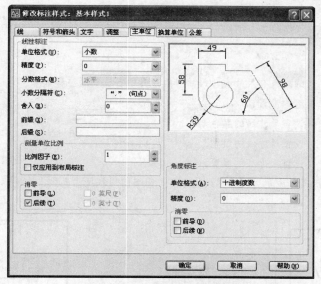

图 8.13 "主单位"选项卡

单击"线性"命令按钮 ，对 *AB* 线段之间进行线性标注：捕捉 *A* 点和 *B* 点，移动鼠标到合适位置，单击鼠标左键结束。

单击"连续"命令按钮，对 *BC* 之间和 *CD* 之间的线段进行连续标注：分别捕捉 *C* 点和 *D* 点，按回车键结束。

② 对线段 *FE* 和 *FD* 之间的尺寸进行标注。

单击"线性"命令按钮，对线段 *FE* 进行线性标注（方法同上）。

单击"基线"命令按钮，对 *FD* 线段之间进行基线标注：捕捉 *D* 点，按回车键结束。

③ 对线段 *HG* 进行标注。

单击"对齐"命令按钮，对线段 *HG* 进行线性标注：捕捉 *H* 点，再捕捉 *G* 点，移动鼠标到合适位置，单击左键结束。

④ 对线段 *AH* 和 *GF* 进行标注。

采用"线性"命令按钮，方法同①。

 提 示

（1）调整"使用全局比例"中的缩放倍数时，要反复尝试，使其大小符合要求。

（2）各类直线标注的特点及用法说明。

① 线性标注，只能标注水平或垂直方向的尺寸，不能标注倾斜对象的尺寸。

② 连续标注，从某一个尺寸边界线开始，按顺序标注一系列尺寸，相邻尺寸共用一条尺寸界线，且所有尺寸位于同一条直线上。连续标注不能单独进行，必须以已有线性标注或角度标注作为基准标注，系统默认刚结束的尺寸标注为基准标注。

③ 基线标注，以某一尺寸界线为基准位置，按某一方向标注一系列尺寸，所有尺寸共用一条基准尺寸界线。方法和步骤与连续标注类似，也应先标注或选择一个尺寸作为基准标注。

④ 对齐标注，能保持尺寸线始终与标注对象平行，可以标注水平或垂直方向的尺寸，完全替代线性尺寸标注。

提示

（3）"线"选项卡内容注释。

"线"选项卡能调节的对象有尺寸线、尺寸界线。其中各选项的注释如下。

① "尺寸线"选项组的设置。

"颜色"下拉列表：设置尺寸线的颜色。

"线型"下拉列表：设置尺寸线的线型。

"线宽"下拉列表：设置尺寸线的线宽。

"超出标记"：指定尺寸线超过尺寸界线的距离（箭头使用斜尺寸界线、建筑标记、小标记、完整标记和无标记时），如图 8.14 所示。

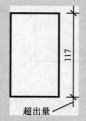

图 8.14　超出标记设置

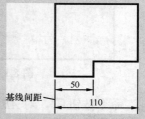

图 8.15　基线间距

"基线间距"：设置基线标注时，相邻两条尺寸线之间的距离，如图 8.15 所示。

"隐藏"：选中"尺寸线 1"复选框隐藏左边尺寸线，选中"尺寸线 2"复选框隐藏右边尺寸线，如图 8.16 所示。

② "尺寸界线"选项组的设置。

"颜色"下拉列表：设置尺寸界线的颜色。

"尺寸界线 1 的线型"、"尺寸界线 2 的线型"：设置尺寸界线的线型。

"线宽"下拉列表：设置尺寸界线的线宽。

"超出尺寸线"：设置尺寸界线超出尺寸线的量，如图 8.17 所示。

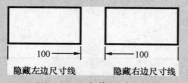

图 8.16　隐藏尺寸线

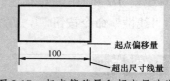

图 8.17　起点偏移量和超出尺寸线量

"起点偏移量"：设置自图形中定义标注的点到尺寸界线的偏移距离，如图 8.17 所示。

"隐藏"：选中"尺寸界线 1"复选框隐藏左边尺寸界线，选中"尺寸界线 2"复选框隐藏右边尺寸界线。

（4）"符号和箭头"选项卡内容注释。

"符号和箭头"选项卡用于设置尺寸箭头、圆心标注等方面的格式。

① "箭头"选项组设置。

"第一个"下拉列表：设置尺寸线左边的箭头。当改变第一个箭头的类型时，第二个箭头将自动改变以同第一个相匹配。

"第二个"下拉列表：设置尺寸线的右边箭头。

提　示

"引线"：设置引线的箭头。

"箭头大小"：设置箭头的大小。

② "圆心标注" 选项组设置。

可以单击"圆心标注" 命令按钮 ⊕，快速对圆或弧的中心进行标注。使用之前，可在"圆心标注"选项组设置圆心标注的样式。

（5）"调整"选项卡内容注释。

"调整"选项卡用于控制尺寸文字、尺寸线、尺寸箭头等的位置以及其他一些特征。其中各选项的注释如下。

① "调整选项"选项组的设置。

"文字或箭头（取最佳效果）"：可以根据尺寸界线间的距离，移出文字或箭头，也可以全部移出。

"箭头"：首先移出箭头。

"文字和箭头"：文字和箭头都移出。

"文字始终保持在尺寸界线之间"：无论尺寸界线之间能否放下文字，文字始终位于尺寸界线之间。

"若箭头不能放在尺寸界线内，则将其消除"：如果尺寸界线内只能放下文字，则消除箭头。

② "文字位置"选项组的设置，如图 8.18 所示。

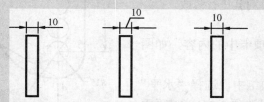

图 8.18　标注文字移动时的位置

"尺寸线旁边"：文字仅移到尺寸线旁边。

"尺寸线上方，加引线"：文字移动到尺寸线上方，同时加引线。

"尺寸线上方，不加引线"：文字移动到尺寸线上方，不加引线。

③ "标注特征比例"选项组的设置。

"将标注缩放到布局"：以当前模型空间视口和图纸空间之间的比例为比例因子缩放标注。

"使用全局比例"：以文本框中的数值为比例因子，缩放标注的文字和箭头的大小，但不改变标注的尺寸值。

④ "优化"选项组的设置。

"手动放置文字"：标注文字的位置不确定，需要单击确定。

"在尺寸界线之间绘制尺寸线"：无论尺寸界线之间的距离大小，尺寸界线之间必须绘制尺寸线。

（6）"主单位"选项卡内容注释。

"主单位"选项卡用于设置标注的单位格式和精度以及标注的前缀和后缀。其中各选项的注释如下。

① "线性标注"选项组的设置。

设置线性标注的单位格式、精度、小数分隔符号，以及尺寸文字的前缀和后缀。

"单位格式"下拉列表：设置标注文字的单位格式。

提 示

"精度"下拉列表：确定主单位数值小数位数。

"分数格式"：选择水平、对角和非堆叠格式。

"前缀"：尺寸数字前加指定内容，如输入"%%C"，则在尺寸数字前面加直径符号"Φ"。

"后缀"：尺寸数字后加指定内容。

"测量单位比例"子选项区：设置线性标注测量值的比例因子。

"消零"子选项区：用于控制前导零和后续零是否显示。

② "角度标注"选项区的设置。

设置角度标注的单位格式与精度以及消零的情况（其各选项的含义与线性标注相同）。

【例 8.5】 尺寸标注，如图 8.19 所示。

操作步骤如下。

（1）创建标注样式。

按例 8.3 的步骤，创建"基本样式 2"，并将其设置为当前的尺寸样式。在"标注样式管理器"对话框中单击"修改"按钮，进入"修改标注样式：基本样式 2"对话框，对其进行修改。

（2）修改标注样式。

① 修改"文字"选项卡中的内容，如图 8.20 所示。

在"文字对齐"选项组中，选择"水平"单选按钮；在"文字位置"选项组中，单击"垂直"下拉列表中的"居中"选项。

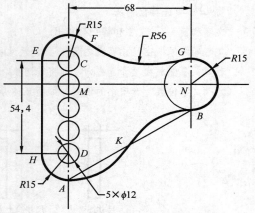

图 8.19 尺寸标注

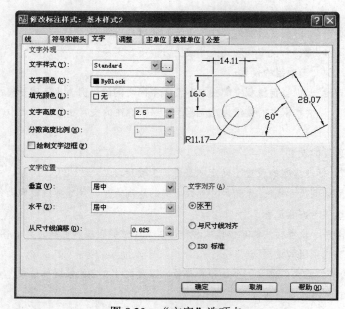

图 8.20 "文字"选项卡

② 修改"主单位"选项卡中的内容。

在"线性标注"选项组中，单击"精度"后面的文本框，选择内容为"0.0"选项。

③ 修改"调整"选项卡中的内容。

在"标注特征比例"选项组中，将"使用全局比例"右边文本框的内容修改为"1.5"。

（3）对线段 *CD* 和线段 *MN* 进行标注。

单击"线性"命令按钮 ⊢⊣，对线段 *CD* 进行线性标注：分别捕捉上下两个圆的圆心为开始点和终点。对线段 *MN* 进行线性标注，方法同上。

（4）对圆弧 *EF*、圆弧 *GB*、圆弧 *HA*、圆弧 *FG* 进行半径标注。

单击"半径"命令按钮 ◎，单击圆弧 *EF* 进行弧度标注。用同样方法对圆弧 *GB*、圆弧 *HA*、圆弧 *FG* 进行标注。

（5）新建并修改新标注样式。

① 单击"标注样式"按钮 ⌐，弹出"标注样式管理器"对话框。

② 单击"新建"按钮，弹出"创建新标注样式"对话框，如图 8.21 所示。采用默认值，单击"继续"按钮，弹出"新建标注样式：副本基本样式 2"对话框。

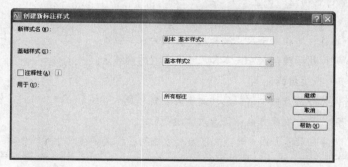

图 8.21 "创建新标注样式"对话框

③ 在"新建标注样式：副本基本样式 2"对话框中，选择"主单位"选项卡，在"线性标注"选项组中，修改"精度"为"0"；"前缀"为"5X%%C"，如图 8.22 所示。

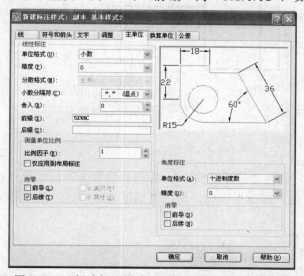

图 8.22 "新建标注样式：副本基本样式 2"对话框

（6）对圆 D 进行标注。

单击"直径"命令按钮 ◎ ，单击圆 D 进行直径标注。

提 示

"文字"选项卡内容注释。

"文字"选项卡用于设置标注文本的文本样式、颜色、位置等参数。其中各选项的注释如下。

（1）"文字外观"选项组的设置。

"文字样式"：通过下拉列表选择文字样式。

"文字颜色"：通过下拉列表选择颜色，默认设置跟随块。

"填充颜色"：通过下拉列表选择文字的背景颜色。

"分数高度比例"：用于设置尺寸文字中的分数相对于其他尺寸文字的缩放比例。仅当在"主单位"选项卡上选择"分数"作为"单位格式"时，此选项才可用。

"绘制文字边框"：在标注文字的周围绘制一个边框。

（2）"文字位置"选项组的设置。

"垂直"：控制标注文字相对于尺寸线的垂直位置。

"水平"：控制标注文字相对于尺寸线和尺寸界线的水平位置。

"从尺寸线偏移"：用于确定尺寸文本和尺寸线之间的偏移量。

（3）"文字对齐"选项组的设置。

"水平"：无论尺寸线的方向如何，尺寸文字的方向总是水平的。

"与尺寸线对齐"：尺寸文字方向保持与尺寸线平行。

"ISO 标准"：文字在尺寸界线内时，文字与尺寸线对齐；文字在尺寸界线外时，文字水平排列。

【**例 8.6**】 如图 8.23 所示，进行公差标注。

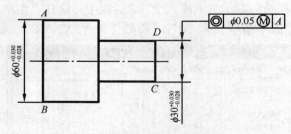

图 8.23　公差标注

操作步骤如下。

（1）创建新样式。

按例 8.3 的步骤，创建"基本样式 3"，并将其设置为当前的尺寸样式。在"标注样式管理器"对话框中单击"修改"按钮，进入"修改标注样式：基本样式 3"对话框，对其进行修改。

（2）修改标注样式。

① 修改"调整"选项卡中的内容。

修改"标注特征比例"选项组中的"使用全局比例"，将右边文本框的内容修改为"2"，其余各项均采用默认值。

② 修改"主单位"选项卡中的内容。

在"线性标注"选项组中，将"精度"选项右边文本框的内容修改为"0.000"；将"前缀"选项右边文本框的内容修改为"%%C"，表示在标注前加符号"φ"。

③ 修改"公差"选项卡中的内容，如图8.24所示。

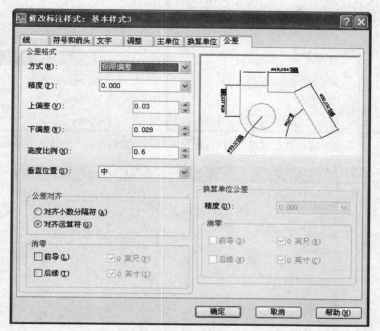

图8.24 公差选项卡

修改"公差格式"选项组中各参数："方式"选项为"极限偏差"；"精度"选项为"0.000"；"上偏差"选项为"0.03"；"下偏差"选项为"0.028"；"高度比例"选项为"0.6"；"垂直位置"选项为"中"。

（3）开始设置标注。

① 对线段 *AB*、*CD* 标注尺寸公差。

单击"线性"命令按钮🗖，对线段 *AB*、*CD* 进行线性标注。

② 对线段 *CD* 标注形位公差。

• 在任意工具栏的非工具按钮位置上单击鼠标右键，弹出快捷菜单，先选择"ACAD"工作组，然后再选择相对应的"多重引线"工具栏，弹出"多重引线"工具栏，如图8.25所示。

• 单击"多重引线"工具栏中的"多重引线样式"按钮，打开"多重引线样式管理器"对话框，修改多重引线样式，如图8.26所示。

图8.25 "多重引线"工具栏

• 单击"多重引线样式管理器"对话框的"新建"按钮，弹出"创建新多重引线样式"对话框，输入新样式名（或采用默认名），如图8.25所示，然后单击"继续"按钮。

• 在弹出的"修改多重引线样式"对话框中，修改"基线设置"选项组中的"设置基线距离"数值，将其改为"20"个单位，如图 8.28 所示。单击"确定"按钮结束设置，返回绘图界面。

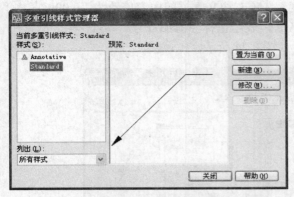

图 8.26　"多重引线样式管理器"对话框

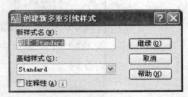

图 8.27　"创建新多重引线样式"对话框

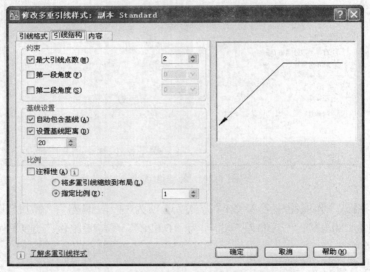

图 8.28　"修改多重引线样式"对话框

- 单击"多重引线"命令按钮，在绘图界面捕捉 E 点，绘制引线，然后用鼠标单击界面空白处结束命令，效果如图 8.29 所示。
- 单击"标注"工具栏上的"公差"命令按钮，弹出"形位公差"对话框，输入公差值如图 8.30 所示，单击"确定"按钮完成公差设置，返回绘图界面。

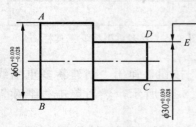

图 8.29　绘制"多重引线"

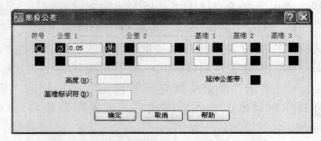

图 8.30　设置完毕的"形位公差"对话框

● 单击 F 端点，系统自动将形位公差值设在 F 端点处，如图 8.31 所示。

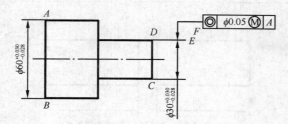

图 8.31 完成公差标注

（1）什么是形位公差。

形位公差包括形状公差和位置公差，是形状、位置允许的变动值。形状公差包括直线度公差、圆度公差、平面度公差等；位置公差包括平行度公差、垂直度公差、同轴度公差等。

（2）如何标注形位公差。

系统提供了标注形位公差的命令 ⊞，但标注公差时要先采用引线命令进行引线操作。

（3）形位公差各项含义，如图 8.32 所示。

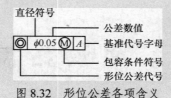

图 8.32 形位公差各项含义

（4）"公差"选项卡内容注释。

"公差"选项卡用于设置是否标注公差。若标注公差，可以设置以何种方式进行标注以及公差的数值等。其中"公差格式"选项组中各选项的注释如下。

① "方式"：默认设置是不标注公差，即"无"。工程制图中通常标注公差，系统提供"对称"、"极限偏差"、"极限尺寸"、"基本尺寸"等几种公差标注格式。它们之间的区别如图 8.33 所示。

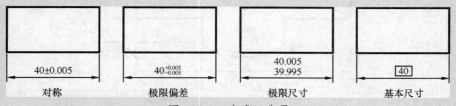

图 8.33 "方式"选项

② "精度"：根据要求的公差数值设置公差精度。

③ "上偏差"和"下偏差"：设置上下偏差的数值。系统默认设置上偏差为正值，下偏差为负值，键入的数值自动带正负符号。若再输入正负号，则系统会根据"负负得正"的数学原则来显示数值的符号。

④ "高度比例"：该选项用于设置公差文字与基本尺寸文字高度的比值，如图 8.34 所示。

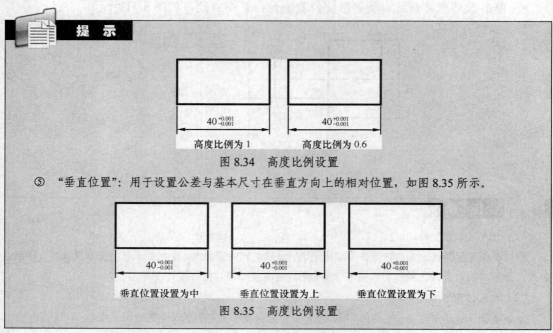

图 8.34　高度比例设置

⑤　"垂直位置"：用于设置公差与基本尺寸在垂直方向上的相对位置，如图 8.35 所示。

图 8.35　高度比例设置

8.3　知 识 拓 展

【例 8.7】　按尺寸绘制图形，标注尺寸如图 8.36 所示。

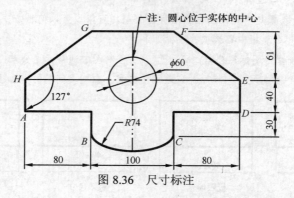

图 8.36　尺寸标注

操作步骤如下。

（1）绘制零件的剖面图，按例 8.3 的步骤，创建"基本样式 4"，并将其设置为当前的尺寸样式。在"标注样式管理器"对话框中单击"修改"按钮，进入"修改标注样式：基本样式 4"对话框，对其进行修改。

（2）在"调整"选项卡中，修改"标注特征比例"选项组中的"使用全局比例"，将右边文本框的内容修改为"3.5"，其余各项均采用默认值。

（3）开始设置标注。

① 对∠*AHG* 进行角度标注。

单击"角度"命令按钮 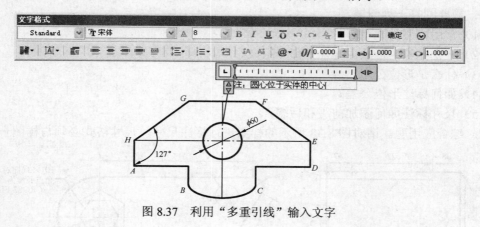，对∠*AHG* 进行角度标注，单击线段 *AH* 和线段 *HG*，移动鼠标到合适位置，单击鼠标左键结束。

② 对圆进行直径标注。

单击"直径"命令按钮 ，对圆进行直径标注：单击圆上的任意一点，移动鼠标到合适位置，单击鼠标左键结束。

③ 对圆进行圆心标注。

单击"圆心标记"命令按钮 ，对圆进行圆心标注：单击圆上的任意一点即可。

④ 对圆进行引线标注。

单击"标注→多重引线"菜单命令，返回编辑界面，捕捉圆上的一点，移动鼠标到合适位置，单击鼠标左键结束引线，弹出文字编辑器。在"文字格式"工具栏上设置文字字体、字号，然后进行文字录入，单击"确定"按钮，如图 8.37 所示。

图 8.37 利用"多重引线"输入文字

⑤ 对圆弧 *BC* 进行半径标注。

单击"半径"命令按钮 ，对圆弧进行弧度标注：单击圆弧 *BC*，移动鼠标到合适位置，单击鼠标左键结束。

⑥ 对 *AD* 之间的尺寸进行标注。

单击"线性"命令按钮 ，对 *AB* 之间进行线性标注：捕捉 *A* 点和 *B* 点，移动鼠标到合适位置，单击鼠标左键结束。

单击"连续"命令按钮 ，对 *BC* 之间和 *CD* 之间进行连续标注：分别捕捉 *C* 点和 *D* 点，然后按回车键结束。

⑦ 对 *FC* 之间的尺寸进行标注。

单击"线性"命令按钮 ，对 *FE* 之间进行线性标注。

单击"连续"命令按钮 ，对 *ED* 之间和 *DC* 之间进行连续标注。

 **提 示**

"角度"命令是用来标注角度尺寸的。角度尺寸标注的两条直线必须能相交，不能标注平行的直线。

本 章 小 结

本章讲述了标注样式的建立和管理、各种类型尺寸的标注命令、尺寸编辑等。工程图样必须标注尺寸，其步骤是：首先建立满足要求的尺寸样式；然后调用创建的样式；最后利用标注工具，标注尺寸。

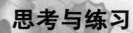

思考与练习

1．简要回答下列问题。

（1）常用标注类型有哪些？

（2）一个完整的标注由哪几个部分组成？

（3）什么是形位公差？

（4）如何标注形位公差？

（5）尺寸标注如何添加前缀和后缀？

2．综合应用题。请对图 8.38 所示的样图进行标注尺寸，尺寸格式必须与样图一致。

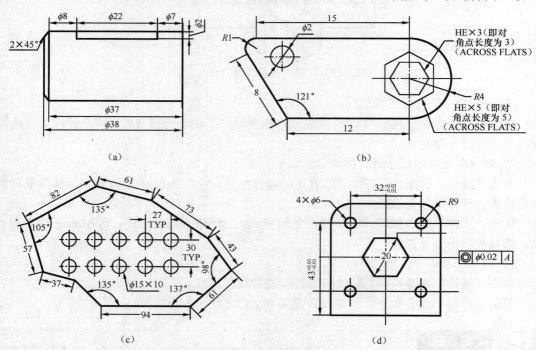

图 8.38　题 2 图

第 9 章 三维绘图基础

绘制产品和机件时，可以分别绘制多个平面图以表现设计效果，但难以全面观察产品的设计效果。本章介绍三维绘图的基础知识，讲解三维图形的绘制、编辑、渲染、标注等操作，通过本章的学习可使读者具有一定的三维图形看图和绘图能力。

9.1 认识 3D 绘图工具条

【例 9.1】 调用绘制 3D 图形常用的工具条。

在任意工具栏的非工具按钮位置单击鼠标右键，弹出快捷菜单，先选择"ACAD"工作组，然后选择 3D 图形的常用工具条，如建模、实体编辑、视图、渲染等，如图 9.1 所示。

图 9.1 定义 3D 工具条

9.2　创建基本实体

本节介绍长方体、球体、圆柱体、圆锥体、楔体、圆环体等基本实体模型的绘制。很多三维实体都可以看作是由这些基本实体模型堆砌而成的。

1. 长方体

【例9.2】　绘制 200mm×150mm×80mm 的长方体，如图9.2所示。

操作步骤如下。

（1）在二维视角下，绘制长方体平面图，如图9.3所示。

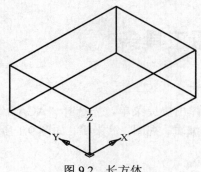

图 9.2　长方体

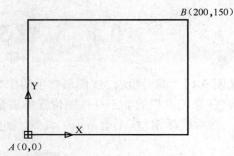

图 9.3　长方体平面视图

单击"建模"工具条上的"长方体"命令按钮 ，命令行提示如下：

命令: _box
指定第一个角点或 [中心(C)]: 0,0　　　　　　　　　（输入角点 A 的坐标）
指定其他角点或 [立方体(C)/长度(L)]: 200,150　　　（输入角点 B 的坐标）
指定高度或 [两点(2P)]: 80　　　　　　　　　　　　（指定高度）

（2）单击"视图"工具条上的"西南等轴测视图"命令按钮 ，如图9.4所示，系统生成立体图形，如图9.2所示。

图 9.4　选择视图

> **提　示**
>
> 在 AutoCAD 中，可以先在二维视角下绘制三维实体，再转到三维视角中查看；也可以直接在三维视角下绘制的三维实体。

【练一练】　绘制如图9.5所示的 3 个长方体。

操作步骤如下。

（1）单击"视图"工具条上的"西南等轴测视图"　命令按钮 。

（2）绘制位于底部的长方体，如图 9.6 所示。

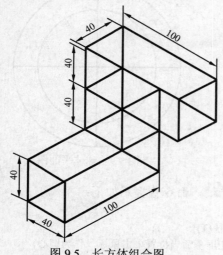

图 9.5 长方体组合图

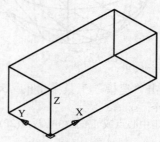

图 9.6 绘制底部长方体

单击"建模"工具条上的"长方体"命令按钮 ，命令行提示如下：

命令：_box

指定第一个角点或 [中心(C)]：0,0,0

（以原点为第一个角点）

指定其他角点或 [立方体(C)/长度(L)]：@100,40,40

（输入 X 轴、Y 轴、Z 轴
相对坐标值）

（3）绘制位于中部的长方体，如图 9.7 所示。

单击"建模"工具条上的"长方体"命令按钮 ，命
令行提示如下：

命令：_box

指定第一个角点或 [中心(C)]：

（捕捉角点 A，如图 9.7 所示）

指定其他角点或 [立方体(C)/长度(L)]：@-40,40,40

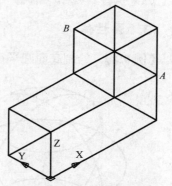

图 9.7 绘制中部长方体

（4）绘制位于底部的长方体。

单击"建模"工具条上的"长方体"命令按钮 ，命令行提示如下：

命令：_box

指定第一个角点或 [中心(C)]：

（捕捉角点 B，如图 9.7 所示）

指定其他角点或 [立方体(C)/长度(L)]：@40,-100,40 （输入 X 轴、Y 轴、Z 轴相对坐标值）

 提 示

在绘制三维图形时，须根据 X 轴、Y 轴、Z 轴的方向，确定参数的正负值。

2. 球体

【例 9.3】 绘制半径为 50 的球体，如图 9.8 所示。

操作步骤如下。

（1）在二维视角下，绘制球体平面图，如图 9.9 所示。

图 9.8　三维球体

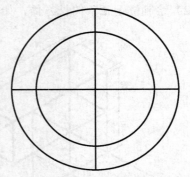

图 9.9　球体平面图

单击"建模"工具条上的"球体"命令按钮 ，命令行提示如下：

命令：_sphere

指定中心点或 [三点(3P)/两点(2P)/相切、相切、半径(T)]:

　　　　　　　　　　　　　　　　　　　　　　(在屏幕适当位置单击鼠标，作为圆心)

指定半径或 [直径(D)]: 50　　　　　　　　　(半径为 50)

（2）选择"西南等轴测视图"，生成球体线框图如图 9.10 所示。

（3）执行"视图→消隐"命令，显示出如图 9.8 所示的效果。

3.　圆柱体

【例 9.4】　绘制底面圆半径为 50、高度为 120 的圆柱体，如图 9.11 所示。

图 9.10　球体线框图

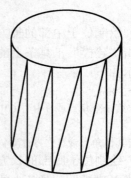

图 9.11　圆柱体

操作步骤如下。

（1）在二维视角下，绘制圆柱体平面图，如图 9.12 所示。

单击"建模"工具条上的"圆柱体"命令按钮 ，命令行提示如下：

命令：_cylinder

指定底面的中心点或 [三点(3P)/两点(2P)/相切、相切、半径(T)/椭圆(E)]:

　　　　　　　　　　　　　　　　　　　　　(在屏幕适当位置单击鼠标左键，作为圆心)

指定底面半径或 [直径(D)] <50.0000>: 50　　　　　(输入圆柱底面半径值)

指定高度或 [两点(2P)/轴端点(A)] <80.0000>: 120　　(输入圆柱的高度)

（2）选择"西南等轴测视图"，生成圆柱体线框图，如图 9.13 所示。

（3）执行"视图→消隐"命令，显示效果如图 9.11 所示。

【练一练】　使用"圆柱体"命令绘制长轴为 200、短轴为 100、高为 120 的椭圆柱体，如图 9.14 所示。

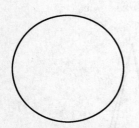
图 9.12　圆柱体平面图

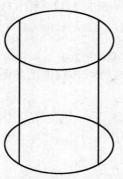
图 9.13　圆柱体线框图

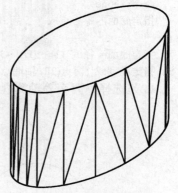
图 9.14　椭圆柱体

操作步骤如下。

（1）在二维视角下，绘制椭圆柱体平面图。

单击"建模"工具条上的"圆柱体"命令按钮，命令行提示如下：

命令: _cylinder

指定底面的中心点或 [三点(3P)/两点(2P)/相切、相切、半径(T)/椭圆(E)]: e

（输入"e"，表示绘制椭圆柱体）

指定第一个轴的端点或 [中心(C)]:　　　　（在屏幕适当位置单击鼠标左键，作为第一个轴的起点）
指定第一个轴的其他端点: @200,0　　　　（输入相对坐标，以确定第一个轴的长度）
指定第二个轴的端点: 50　　　　　　　　（输入椭圆第二个轴的半径）
　　　　　　　　　　　　　　　　　　　（以上 3 步确定椭圆的底面）

指定高度或 [两点(2P)/轴端点(A)] <120.0000>: 120　　　　（指定椭圆的高度）

（2）选择"西南等轴测视图"，生成椭圆柱体线框图，如图 9.15 所示。

（3）执行"视图→消隐"命令，显示效果如图 9.14 所示。

4. 圆锥体

【例 9.5】　绘制一个底面半径为 50、高度为 200 的圆锥体，如图 9.16 所示。

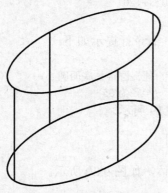
图 9.15　椭圆柱体线框图

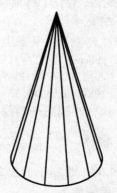
图 9.16　圆锥体

操作步骤如下。

（1）在二维视角下，绘制圆锥体平面图，如图 9.17 所示。

单击"建模"上的工具条"圆锥体"命令按钮，命令行提示如下：

命令：_cone

指定底面的中心点或 [三点(3P)/两点(2P)/相切、相切、半径(T)/椭圆(E)]：

（在屏幕的适当位置单击鼠标）

指定底面半径或 [直径(D)] <35.0000>：50　　　　（确定底面半径）

指定高度或 [两点(2P)/轴端点(A)/顶面半径(T)]：200　　（确定圆锥体高度）

（2）选择"西南等轴测视图"，生成圆锥体线框图如图 9.18 所示。

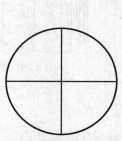

图 9.17　圆锥体平面图

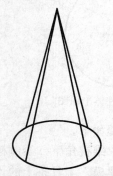

图 9.18　圆锥体线框图

（3）执行"视图→消隐"命令，显示效果如图 9.16 所示。

【练一练】 绘制甜筒，其中圆锥体高为 120，底面半径为 40，球体半径为 35，如图 9.19 所示。

操作步骤如下。

（1）单击"视图"工具条上的"西南等轴测视图"命令按钮 。

（2）绘制圆锥体。

单击"建模"工具条上的"圆锥体"命令按钮 ，命令行提示如下：

命令：_cone

指定底面的中心点或 [三点(3P)/两点(2P)/相切、相切、半径(T)/椭圆(E)]：

（在屏幕的适当位置单击鼠标）

指定底面半径或 [直径(D)] <50.0000>：40

指定高度或 [两点(2P)/轴端点(A)/顶面半径(T)] <200.0000>：-120

（3）绘制球体。

单击"建模"工具条上的"球体"命令按钮 ，命令行提示如下：

命令：_sphere

指定中心点或 [三点(3P)/两点(2P)/相切、相切、半径(T)]：(捕捉圆锥体底面圆心)

指定半径或 [直径(D)]：35　　　　　　　　　　（半径为35）

（4）执行"视图→消隐"命令，显示效果如图 9.19 所示。

5. 楔体

【例 9.6】 绘制一个长 200、宽 150、高 80 的楔体，如图 9.20 所示。

操作步骤如下。

（1）在二维视角下，绘制楔体平面图。

单击"建模"上的工具条"楔体"命令按钮 ，命令行提示如下：

命令：_wedge

指定第一个角点或 [中心(C)]:   (单击一点作为角点 A)
指定其他角点或 [立方体(C)/长度(L)]: @200,150   (输入另一角点 B 的相对坐标)
指定高度或 [两点(2P)] <200.0000>: 80   (指定高度)

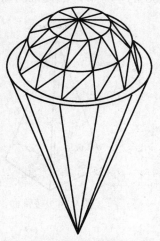

图 9.19　甜筒形的圆锥体

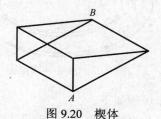

图 9.20　楔体

（2）选择"西南等轴测视图"，生成立体图如图 9.20 所示。

6. 圆环体

【例 9.7】　绘制一个圆环半径为 150，圆管半径为 30 的圆环体，如图 9.21 所示。
操作步骤如下。

（1）在二维视角下，绘制圆环体平面图，如图 9.22 所示。

图 9.21　圆环体

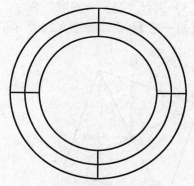

图 9.22　圆环体平面图

单击"建模"工具条上的"圆环"命令按钮 ⬚，命令行提示如下：
命令: _torus
指定中心点或 [三点(3P)/两点(2P)/相切、相切、半径(T)]:　(在适当位置单击选择圆心)
指定半径或 [直径(D)] <50.0000>: 150   (输入圆环体半径值)
指定圆管半径或 [两点(2P)/直径(D)]: 30   (输入圆管半径值)

（2）选择"西南等轴测视图"，生成圆环体线框图，如图 9.23 所示。

（3）执行"视图→消隐"命令，显示效果如图 9.21 所示。

7. 棱锥面

【例 9.8】 绘制四棱锥面，四棱锥的底面是边长为 80 的正方形，四棱锥的高为 180，如图 9.24 所示。

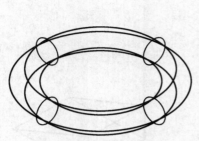

图 9.23 圆环体线框图

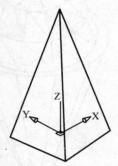

图 9.24 棱锥面

操作步骤如下。

（1）在二维视角下，绘制四棱锥面平面图，如图 9.25 所示。

单击"建模"工具条上的"棱锥面"命令按钮 ，命令行提示如下：

命令：_pyramid
4 个侧面 外切
指定底面的中心点或 [边(E)/侧面(S)]: 0,0   （以原点作为棱锥面底面中心点）
指定底面半径或 [内接(I)] <169.7056>: 40   （输入棱锥面边长底面半径值）
指定高度或 [两点(2P)/轴端点(A)/顶面半径(T)] <200.0000>: 180 （输入棱锥面高度）

（2）选择"西南等轴测视图"，生成棱锥面线框图，如图 9.26 所示。

（3）执行"视图→消隐"命令，显示效果如图 9.24 所示。

【想一想】 绘制如图 9.27 所示的棱锥面，其中底面半径分别为 40 和 20，高为 90。

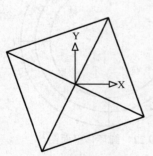

图 9.25 棱锥面平面图

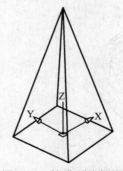

图 9.26 棱锥面线框图

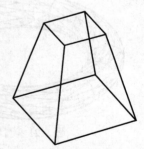

图 9.27 棱锥面

操作步骤如下。

单击"建模"工具条上的"棱锥面"命令按钮 ，命令行提示如下：

命令：_pyramid
4 个侧面 外切
指定底面的中心点或 [边(E)/侧面(S)]:   （单击屏幕任意一点）
指定底面半径或 [内接(I)] <56.5685>: 40
指定高度或 [两点(2P)/轴端点(A)/顶面半径(T)] <180.0000>: t

指定顶面半径 <0.0000>: 20
指定高度或 [两点(2P)/轴端点(A)] <180.0000>: 90

8. 多段体

【例 9.9】 绘制立体的英文字母 "N"，其中多段体的宽和高分别为 20 和 100，边长为 400，如图 9.28 所示。

图 9.28 立体字

图 9.29 立体字线框图

操作步骤如下。
（1）设置"极轴追踪"的"增量角"为"30"，并选择"启用极轴追踪"复选框。
（2）单击"视图"工具条上的"西南等轴测视图"命令按钮 。
（3）绘制立体字线框图，如图 9.29 所示。
单击"建模"工具条上的"多段体"命令按钮 ，命令行提示如下：
命令: _Polysolid 高度 = 50.0000, 宽度 = 50.0000, 对正 = 居中
指定起点或 [对象(O)/高度(H)/宽度(W)/对正(J)] <对象>: w
指定宽度 <50.0000>:20
高度 = 50.0000, 宽度 = 20.0000, 对正 = 居中
指定起点或 [对象(O)/高度(H)/宽度(W)/对正(J)] <对象>: h
指定高度 <50.0000>:100
高度 = 100.0000, 宽度 = 20.0000, 对正 = 居中
指定起点或 [对象(O)/高度(H)/宽度(W)/对正(J)] <对象>:　　　　(单击屏幕上任意一点)
指定下一个点或 [圆弧(A)/放弃(U)]: 400
　　　　(移动鼠标出现追踪角度为 30° 的追踪线，输入长度为 "400")
指定下一个点或 [圆弧(A)/放弃(U)]: 400
　　　　(移动鼠标出现追踪角度为 240° 的追踪线，输入长度为 "400")
指定下一个点或 [圆弧(A)/闭合(C)/放弃(U)]: 400
　　　　(移动鼠标出现追踪角度为 30° 的追踪线，输入长度为 "400")
指定下一个点或 [圆弧(A)/闭合(C)/放弃(U)]:　　　　(按回车键结束命令)
（4）执行"视图→消隐"命令，显示效果如图 9.28 所示。

提 示

对于多段体的绘制，可以在设置了高度、宽度和对正方式后，通过指定点来绘制，如例 9.9；也可以采用选择"对象"选项将二维图形转换为多段体，如例 9.10。

【例 9.10】 绘制边长为 120 的六边形多段体，其中多段体的宽和高分别为 10 和 30，如图 9.30 所示。

操作步骤如下。

（1）在二维视角下，绘制边长为 120 的正六边形，如图 9.31 所示。

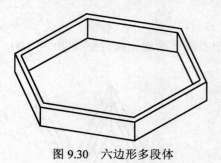

图 9.30　六边形多段体　　　　　　　　图 9.31　边长 120 的正六边形

（2）在二维视角下，把六边形转为宽和高分别为 10 和 30 的六边形多段体，如图 9.32 所示。

单击"建模"工具条上的"多段体"命令按钮 ，命令行提示如下：

命令：_Polysolid　高度 = 80.0000,　宽度 = 5.0000,　对正 = 居中

指定起点或 [对象(O)/高度(H)/宽度(W)/对正(J)] <对象>: w　　　　　(修改多段体的宽度)

指定宽度 <5.0000>: 10

高度 = 80.0000,　宽度 = 10.0000,　对正 = 居中

指定起点或 [对象(O)/高度(H)/宽度(W)/对正(J)] <对象>: h　　　　　(修改多段体的高度)

指定高度 <80.0000>: 30

高度 = 30.0000,　宽度 = 10.0000,　对正 = 居中

指定起点或 [对象(O)/高度(H)/宽度(W)/对正(J)] <对象>: o

(若直接按回车键，则把当前对象直接转为多段体；若键入"o"参数，则需单击鼠标左键选择要被转换的对象)

选择对象：　　　　　　　　　　　　　　　　　　　　　　　(选择六边形作为转换对象)

（3）选择"西南等轴测视图"，生成六边形多段体线框图，如图 9.33 所示。

　　　　　　　　　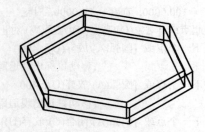

图 9.32　六边体平面图　　　　　　　　图 9.33　六边形多段体线框图

（4）执行"视图→消隐"命令，显示效果如图 9.30 所示。

9. 螺旋

【例 9.11】　绘制一个底面中心为（0,0），底面半径为 80，顶面半径 60，高度为 160，逆时针旋转 8 圈的螺旋线，如图 9.34 所示。

操作步骤如下。

（1）单击"视图"上的工具条"西南等轴测视图" 命令按钮 。

（2）单击"建模"上的工具条"螺旋线"命令按钮 ，命令行提示如下：

命令: _Helix
圈数 = 10.0000   扭曲=CW
指定底面的中心点: 0,0
指定底面半径或 [直径(D)] <60.0000>: 80
指定顶面半径或 [直径(D)] <80.0000>: 60
指定螺旋高度或 [轴端点(A)/圈数(T)/圈高(H)/扭曲(W)] <100.0000>: t
输入圈数 <10.0000>: 8
指定螺旋高度或 [轴端点(A)/圈数(T)/圈高(H)/扭曲(W)] <100.0000>: w
输入螺旋的扭曲方向 [顺时针(CW)/逆时针(CCW)] <CW>: ccw
指定螺旋高度或 [轴端点(A)/圈数(T)/圈高(H)/扭曲(W)] <100.0000>: 160

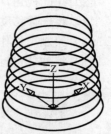

图 9.34　螺旋线

10. 平面曲面

【例 9.12】 绘制一个 200×200 的平面图，如图 9.35 所示。

操作步骤如下。

（1）单击"视图"工具条上的"西南等轴测视图" 命令按钮 。

（2）单击"建模"工具条上的"平面曲面"命令按钮 ，命令行提示如下：

命令: _Planesurf
指定第一个角点或 [对象(O)] <对象>: 0,0
指定其他角点: @200,200

【例 9.13】 绘制一个闭合的曲线图，然后将其转换为平面对象，如图 9.36 所示。

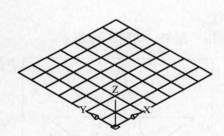

图 9.35　网状平面图

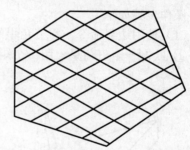

图 9.36　将闭合的曲线图转换为平面对象

操作步骤如下。

（1）单击"视图"工具条上的"西南等轴测视图" 命令按钮 。

（2）单击"多段线"命令按钮 ，绘制一个闭合的曲线图。

（3）单击"建模"工具条上的"平面曲面"命令按钮 ，命令行提示如下：

命令: _Planesurf
指定第一个角点或 [对象(O)] <对象>: o　　(选择参数
"o"，把闭合的曲线转换为平面)
选择对象:　　　　　　　　　　　　(单击鼠标
左键选择闭合曲线)

【练一练】 使用基本实体模型工具，绘制一辆玩具铲泥车，如图 9.37 所示。

操作步骤如下。

（1）选择"东南等轴测视图"，绘制椭圆形作为车身。

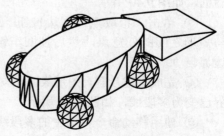

图 9.37　玩具铲泥车

（2）在此视角，绘制楔体作为铲子。

（3）将楔体移动到合适的位置。

（4）绘制球体作为车轮。

（5）将球体进行复制，制作其余 3 个车轮，再使用移动命令，移到合适的位置。

9.3　通过二维图形创建实体

很多三维实体可以看作是由二维对象通过拉伸、扫掠、放样、旋转等方法创建而形成的。制作这类三维实体，可以先绘制二维对象，再对二维对象进行拉伸、扫掠、放样、旋转等操作，得到三维实体。

1. 按指定对象的高度和倾斜度进行拉伸

该方法将封闭的二维对象拉伸成三维实体。二维对象指多段线、多边形、圆、椭圆、圆环等。

【例 9.14】　绘制一个五角星，然后将其拉伸成一个高度为 20 的立体形状，如图 9.38 所示。

操作步骤如下。

（1）使用边界命令，将五角星的边界连成多段线。

① 绘制一个五角星，用一个矩形将五角星"包围"起来，如图 9.39 所示。

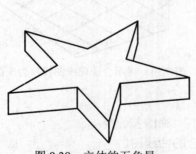

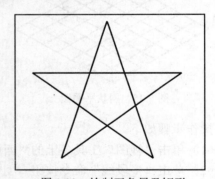

图 9.38　立体的五角星　　　　　　　　　　图 9.39　绘制五角星及矩形

② 选择"绘图→边界"菜单命令，或者在命令行中输入"BO"，弹出"边界创建"对话框，如图 9.40 所示。

③ 单击"拾取点"左边按钮，切换到绘图区，光标变成"十"字，单击五角星与矩形之间的任意点，然后按回车键，得到的效果如图 9.41 所示，这是分析后选择的边界。

④ 完成上述步骤，图形表面无变化。当鼠标指针移近五角星的外边框时，可发现其边界已变为多段线，如图 9.42 所示。

⑤ 使用移动命令将选中的多段线移出原图，如图 9.43 所示，删除原图。

（2）使用拉伸命令，生成立体图形。

图 9.40 "边界创建"对话框

图 9.41 选择边界

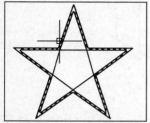

图 9.42 选中的多段线

图 9.43 将多段线移出原图

① 单击"建模"工具条上的"拉伸"命令按钮 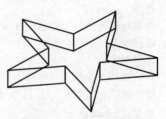，命令行提示如下：

命令: _extrude
当前线框密度： ISOLINES=4
选择要拉伸的对象： (选择多段线)
选择要拉伸的对象： (按回车键结束选择)
指定拉伸的高度或 [方向(D)/路径(P)/倾斜角(T)] <5>: 20
(设置拉伸高度为20)

② 选择"西南等轴测视图"，生成五角星线框图，如图 9.44 所示。

图 9.44 五角星线框图

③ 执行"视图→消隐"命令，显示效果如图 9.38 所示。

 提 示

（1）可以拉伸的二维对象包括圆、封闭的多段线、多边形、椭圆、面域、圆环等。总的来说，可拉伸的对象是封闭的多段线对象和面域对象。本例中，必须将五角星的边界连成多段线，才可以进行拉伸操作。

（2）"拉伸"命令最大的特点是可以沿一定角度来拉伸。虽然本例并没有要求沿角度拉伸，但不妨可以试一试按角度拉抻后的效果。当五角星拉伸角度为45°时，效果如图 9.45 所示。选择"西南等轴测视图"后，效果如图 9.46 所示。

图 9.45 拉伸角度为45°

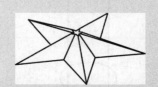

图 9.46 角度拉伸后的线框图

【练一练】 利用拉伸方法绘制螺丝钉，尺寸如图 9.47 所示。

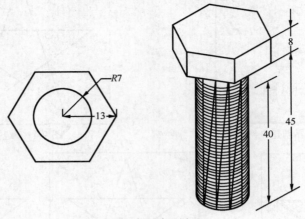

图 9.47　螺丝钉

操作步骤如下。

（1）在二维视图下，绘制一个半径为 13 的正六边形及半径为 7 的圆，如图 9.47 所示。

（2）对平面图进行拉伸，如图 9.48 所示。

① 单击"建模"工具条上的"拉伸"命令按钮 ⬚，命令行提示如下：

命令: _extrude

当前线框密度：　ISOLINES=4

选择对象：　　　　　　　　　　　　　　　　　　　　（单击正六边形）

选择对象：　　　　　　　　　　　　　　　　　　　　（按回车键结束选择）

指定拉伸的高度或 [方向(D)/路径(P)/倾斜角(T)] <8.0000>: 8

② 单击"建模"工具条上的"拉伸"命令按钮 ⬚，命令行提示如下：

命令: _extrude

当前线框密度：　ISOLINES=4

选择对象：　　　　　　　　　　　　　　　　　　　　（单击圆形）

选择对象：　　　　　　　　　　　　　　　　　　　　（按回车键结束选择）

指定拉伸的高度或 [方向(D)/路径(P)/倾斜角(T)] <8.0000>: −45　（负数表示向下拉伸）

（3）绘制螺旋体，如图 9.49 所示。

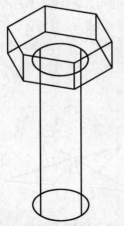

图 9.48　分别拉伸正六边形和圆

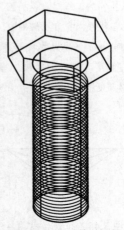

图 9.49　绘制螺旋体

命令：_Helix

圈数 = 40.0000　　　　扭曲=CCW

指定底面的中心点：　　　　　　　　　　　　　　(捕捉螺丝钉底部圆心)

指定底面半径或 [直径(D)] <10.0000>:7

指定顶面半径或 [直径(D)] <7.0000>:7

指定螺旋高度或 [轴端点(A)/圈数(T)/圈高(H)/扭曲(W)] <40.0000>: h

指定圈间距 <1.0000>: 1

指定螺旋高度或 [轴端点(A)/圈数(T)/圈高(H)/扭曲(W)] <40.0000>: 40

（4）执行"视图→消隐"命令，显示如图 9.47 所示的效果。

【想一想】

（1）为什么在拉伸五角星的时候，需要将边界转成多段线？

（2）使用什么命令绘制正六边形时，不需要将边界转成多段线就可以进行拉伸操作？

2．按指定路径进行拉伸

该方法通常是将圆或椭圆沿一路径拉伸成立体形状。

【例 9.15】　绘制一截管道，管道直径为 30，如图 9.50 所示。

操作步骤如下。

（1）在默认的二维视图（俯视图）下，绘制圆心在原点上、直径为 60 的圆。

（2）设置当前视图为左视图。

在"视图"工具条中选择"左视图"命令按钮，在此视角下，绘制的圆只能看到一条直线。若生成的图形太大，可单击"实时缩放"命令按钮，缩小图形，如图 9.51 所示。

（3）在此视角中，使用"多段线"命令按钮，绘制直角路径。尺寸标注如图 9.52 所示。

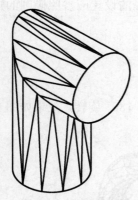

图 9.50　管道立体图

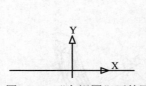

图 9.51　"左视图"下的圆

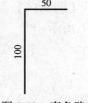

图 9.52　直角路径

（4）沿指定路径拉伸，完成后的效果如图 9.53 所示。

单击"建模"工具条上的"拉伸"命令按钮，命令行提示如下：

命令：_extrude

当前线框密度：　ISOLINES=4

选择要拉伸的对象：　　　　　　　　　　　　　　(选择圆)

选择要拉伸的对象：　　　　　　　　　　　　　　(按回车键结束选择)

指定拉伸的高度或 [方向(D)/路径(P)/倾斜角(T)] <21>: p　　("p"表示以指定路径拉伸)

选择拉伸路径或 [倾斜角(T)]:　　　　　　　　　　(单击鼠标选择拉伸路径)

（5）删除路径，选择"西南等轴测视图"，生成线框图如图 9.54 所示。

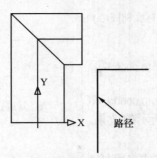

图 9.53　沿路径拉伸后的效果图

图 9.54　管道的线框图

（6）执行"视图→消隐"命令，显示效果如图 9.50 所示。

> **提　示**
>
> （1）使用"拉伸"命令的关键步骤是：拉伸对象必须与拉伸路径有一个垂直关系，所以拉伸对象与拉伸路径不能在同一视图中绘制。在本例中，拉伸对象是圆，在俯视图中绘制；而拉伸路径在左视图中绘制，两个视图为一个垂直关系。
>
> （2）在本例中，可以使用"圆角"命令按钮 ，对路径（多段线）进行倒圆角处理。但圆角半径必须大于或等于圆的半径，否则系统提示：线框与轴相交，无法拉伸选定对象。
>
> （3）在绘制过程中，要时常切换视图，来观察图形的效果。若图形不能完整显示，需调用 zoom 命令调整视图大小。

【想一想】　当椭圆沿带倒圆角的路径进行拉伸时，圆角半径的设置应参照椭圆的短轴半径还是长轴半径呢？

3．创建回转三维实体

使用"旋转"命令，将一些二维对象绕指定的回转轴旋转。

【例 9.16】　绘制凹形弯管，弯管的截面为椭圆形，绕回转轴 180° 旋转，效果如图 9.55（a）所示。

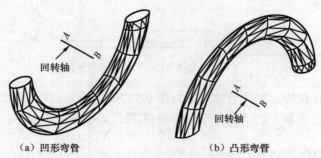

（a）凹形弯管　　　　　　　　（b）凸形弯管

图 9.55　弯管立体图

操作步骤如下。

（1）在二维视图中绘制一个椭圆和一条直线，如图 9.56 所示。

（2）生成弯管。

① 单击"建模"工具条中的"旋转"命令按钮 ⬛，命令行提示如下：

命令：_revolve
当前线框密度： ISOLINES=4
选择对象：   （选择椭圆）
选择对象：   （按回车键结束选择）
指定旋转轴的起点或
定义轴依照 [对象(O)/X 轴(X)/Y 轴(Y)]：   （捕捉直线 A 端点）
指定轴端点：   （捕捉直线 B 端点）
指定旋转角度 <360>：180   （输入弯管弯曲的角度）

旋转后的效果如图 9.57 所示。

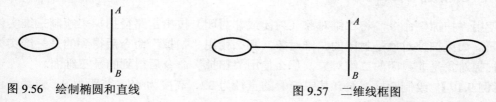

图 9.56　绘制椭圆和直线　　　　　　　　图 9.57　二维线框图

② 选择"西南等轴测视图"，生成如图 9.58 所示的线框图。

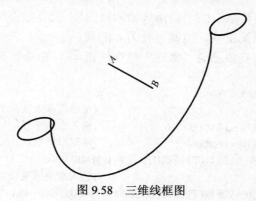

图 9.58　三维线框图

③ 执行"视图→消隐"命令，凹形弯管显示效果如图 9.55（a）所示。

提　示

（1）能够旋转的二维对象有封闭的多段线、多边形、圆、椭圆、封闭的样条曲线、圆环等，与能够拉伸的对象相同。相交的多段线不能旋转。

（2）系统默认当按由上到下次序捕捉旋转轴的端点时，弯管沿正方向生成，即按逆时针方向旋转生成；反之，当按由下到上次序捕捉旋转轴的端点，弯管沿反方向生成，即按顺时针方向旋转生成。

【想一想】　若要生成凸形弯管，应如何绘制？如图 9.55（b）所示。

【练一练】　制作如图 9.59 所示的线圈。

操作步骤如下。

（1）在二维视图中绘制封闭对象与旋转轴，如图 9.60 所示。

（2）利用"旋转"命令，对封闭对象进行 360° 的旋转。

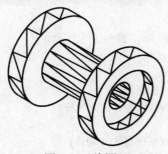

图 9.59　线圈　　　　　　　　　　　　图 9.60　封闭对象与旋转轴

4. 按指定路径扫掠对象

使用"扫掠"命令，将二维对象（封闭或非封闭）按指定路径扫掠来绘制三维实体或三维面。如果扫掠对象是封闭的二维对象，那么使用"扫掠"命令后得到的是三维实体；如果扫掠对象是非封闭的二维对象，那么使用"扫掠"命令后得到的是三维面。

【例 9.17】　绘制圆柱弹簧，其中弹簧的直径为 32，高度为 48，节距为 8，弹簧丝直径为 4。完成后的效果如图 9.61 所示。

操作步骤如下。

（1）单击"视图"工具条上的"西南等轴测视图"命令按钮。

（2）单击"圆"命令按钮，绘制直径为 4 的圆。

（3）单击"建模"工具条上的"螺旋"命令按钮，命令行提示如下：

```
命令：_Helix
圈数 = 5.0000        扭曲=CCW
指定底面的中心点：                              (单击屏幕上任意一点)
指定底面半径或 [直径(D)] <10.0000>: 16          (输入底面半径)
指定顶面半径或 [直径(D)] <16.0000>:             (按回车键默认与底面半径相同)
指定螺旋高度或 [轴端点(A)/圈数(T)/圈高(H)/扭曲(W)] <30.0000>:t
输入圈数 <5.0000>: 6                            (输入螺旋的圈数为48/8)
指定螺旋高度或 [轴端点(A)/圈数(T)/圈高(H)/扭曲(W)] <30.0000>: 48
```

操作完毕后，如图 9.62 所示。

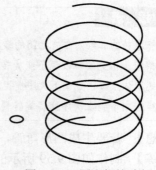

图 9.61　圆柱弹簧　　　　　　　　　　图 9.62　圆和螺旋路径

（4）单击"建模"工具条上的"扫掠"命令按钮，命令行提示如下：

命令：_sweep

当前线框密度：ISOLINES=4

选择要扫掠的对象：　　　　　　　　　　　　　　(单击圆)
选择要扫掠的对象：　　　　　　　　　　　　　　(按回车键表示选择结束)
选择扫掠路径或 [对齐(A)/基点(B)/比例(S)/扭曲(T)]: a
扫掠前对齐垂直于路径的扫掠对象 [是(Y)/否(N)] <是>: y
(设置扫掠对象垂直于扫掠路径，否则无法进行扫掠)
选择扫掠路径或 [对齐(A)/基点(B)/比例(S)/扭曲(T)]: b(捕捉扫掠基点)
指定基点：　　　　　　　　　　　　　　　　　　(捕捉圆心作为基点)
选择扫掠路径或 [对齐(A)/基点(B)/比例(S)/扭曲(T)]: (捕捉螺旋路径)
操作完毕后，如图 9.63 所示。

（5）执行"视图→消隐"命令，显示效果如图 9.61 所示。

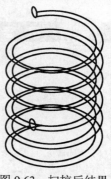

图 9.63　扫掠后结果

提　示

（1）弹簧图形也可以用拉伸方式绘制，作为拉伸对象的圆与螺旋路径必须垂直，如例 9.15 所示。但使用扫掠方法绘制时，则没有这个要求。

（2）"扫掠"命令参数注释。

① 对齐（A）：此参数询问扫掠前是否将扫掠对象垂直于扫掠路径。在本例中输入"y"，表示垂直，可以得到如图 9.61 所示的扫掠结果；但如果输入"n"，表示在同一平面，则无法进行扫掠。

② 基点（B）：确定扫掠基点，即扫掠对象上的某一点（或对象外的某一点）要沿扫掠路径移动，如图 9.64 所示。

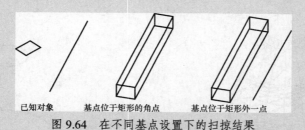

已知对象　　　基点位于矩形的角点　　　基点位于矩形外一点

图 9.64　在不同基点设置下的扫掠结果

③ 比例（S）：指定扫掠的比例因子，使得从起点到终点的扫掠按此比例均匀放大或缩小，如图 9.65 所示。

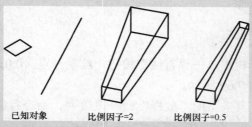

已知对象　　　比例因子=2　　　比例因子=0.5

图 9.65　在不同比例因子设置下的扫掠结果

④ 扭曲（T）：指扭曲角度或倾斜角度，使得在扫掠的同时，从起点到终点按给定的角度扭曲或倾斜，如图 9.66 所示。

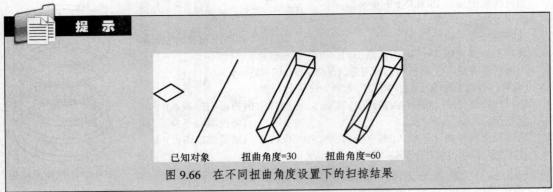

提示

图 9.66　在不同扭曲角度设置下的扫掠结果

已知对象　　扭曲角度=30　　扭曲角度=60

5. 将二维图形放样成实体

放样是指通过一系列曲线（横截面轮廓）构成三维实体（或三维面），如图 9.62 所示。

【例 9.18】　绘制花瓶，其中瓶底和瓶口半径为 50，瓶肚半径为 120，瓶高为 200，效果如图 9.67 所示。

操作步骤如下。

（1）单击"视图"工具条上的"西南等轴测视图"命令按钮 ◈。

（2）在"绘图"工具栏中单击"圆"按钮，分别以（0,0,0）、（50,50,100）、（200,200,200）为圆心，绘制半径为 50、120 和 50 的圆形作为放样截面，如图 9.68 所示。

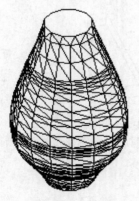

图 9.67　花瓶

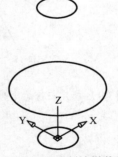

图 9.68　绘制放样截面

（3）在"绘图"工具栏中单击"直线"按钮，绘制过点（0,0,0）和（200,200,200）的直线作为放样路径，如图 9.69 所示。

（4）单击"建模"工具条上的"放样"命令按钮 ▱，命令行提示如下：

命令: _loft

按放样次序选择横截面：　　　　　　　　　　　　　　　（依次单击第 1 个圆截面）

按放样次序选择横截面：　　　　　　　　　　　　　　　（依次单击第 2 个圆截面）

按放样次序选择横截面：　　　　　　　　　　　　　　　（依次单击第 3 个圆截面）

按放样次序选择横截面：　　　　　　　　　　　　　　　（单击鼠标右键结束）

输入选项 [导向(G)/路径(P)/仅横截面(C)] <仅横截面>: p　　（选择路径 P 参数）

选择路径曲线：　　　　　　　　　　　　　　　　　　　（单击直线路径）

操作完毕后，如图 9.70 所示。

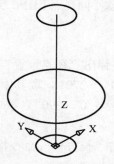

图 9.69 绘制放样路径

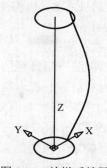

图 9.70 放样后效果

（5）执行"视图→消隐"命令，显示效果如图 9.67 所示。

9.4 三 维 视 图

在三维图形的绘制过程中，经常要切换视图以观察图形效果。下面详细介绍观察三维视图常用的命令工具。

1. 消隐命令

该命令在前面已经使用多次了，它的主要功能是在绘制三维曲面及实体时，为了更好地观察效果，暂时隐藏位于实体背后被遮挡的部分，从而得到更加真实的立体图形。

执行消隐命令的方法很多，其中常用的方法是：

（1）在命令行输入"HIDE"命令后按回车键；

（2）选择"视图→消隐"菜单命令；

（3）单击"渲染"工具条的"消隐"命令按钮。

2. 选择视图命令

三维视图的选择命令集中在主菜单"视图→三维视图"中，如图 9.71 所示。

菜单中，除"视点预置"、"视点"和"平面视图"3 项外，其他命令已经使用多次，不再详细罗列，对于"视点"和"平面视图"命令，其意义在于可以快速地确定一些特殊视点，而"视点预置"命令，则是比较常用的视点设置命令，下面举例介绍。

图 9.71 三维视图命令

3. 视点预置命令

使用对话框选择视点，并将视点到原点连线作为观察物体的方向。

【**例 9.19**】 执行视点预置命令，预置视点右前上方，在该视点下绘制一个 100mm×
100mm×20mm 的长方体，再将视点置在左前下方，观察两次不同视点下图形方位的变化。

操作步骤如下。

（1）视点在右前上方。

① 选择"视图→三维视图→视点预置"菜单命令，弹出"视点预置"对话框。

② 视点为右前方，视点与原点的连线范围值应在 0°～270°，取其中间值为 330°；
视点方位是从上往下看，与 XY 平面形成的角度范围值应在 0°～90°，取中间的一个数值
为 30°，如图 9.72 所示。

③ 单击"确定"按钮结束设置，返回绘图区。单击"长方体"命令按钮 ，绘制一
个 100mm×100mm×20mm 的长方体，如图 9.73 所示。

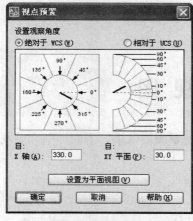

图 9.72 "视点预置"对话框

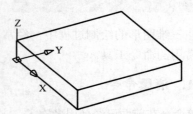

图 9.73 视点为右前上方

（2）视点在左前下方。

① 修改"视点预置"对话框，视点改为左前方，视点与原点的连线范围值应在 180°～
270°，取其中间的一个值 200°；视点方位是从下往上看，与 XY 平面形成的角度范围值
应在 0°～-90°，取中间的一个数值-30°，如图 9.74 所示。

② 单击"确定"按钮结束设置，返回绘图区，图形效果如图 9.75 所示。

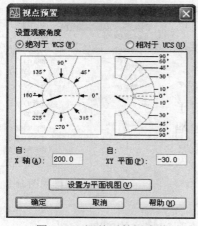

图 9.74 调整后的视点值

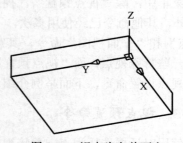

图 9.75 视点为左前下方

（3）两次不同视点下图形方位的变化。

通过修改视点预置命令参数，得到不同的视点，从而观察到不同的图形方位。

 提　示

（1）"视点预置"对话框中，左面类似于钟表的图形用于确定原点和视点之间的连线与 X 轴正方向的夹角，右面的半圆形图用于确定视线与其中 XY 平面的正投影线之间的夹角。

（2）可以用直接单击图形的某一方位以确定输入的角度；也可以在"X 轴"、"XY 平面"两个文本框内输入相应的角度。

（3）角度有正负之分，正角度表示逆时针方向，负角度表示顺时针方向。在三维视图中，遵循右手螺旋法则，按此法则选择输入的角度值。

4. 动态观察

视点命令每次只能观察一个方向，若想观察三维图形的各个方位，需要设置多个视点，比较麻烦。三维动态观察器命令可以使用鼠标观察三维图形各个部位。

【例 9.20】 执行"动态观察"命令，如图 9.76 所示。观察其 3 种观察命令的功能各有什么特点？

操作步骤如下。

（1）打开一幅三维图。

（2）分别执行 3 种"动态观察"命令。

① 执行"受约束的动态观察"命令。

选择"视图→动态观察→受约束的动态观察"菜单命令或单击"动态观察"工具条上的"受约束的动态观察"命令按钮 。观察视图时，拖动鼠标指针，观察点会被约束着沿世界坐标系的 XY 平面或 Z 轴移动。

② 执行"自由动态观察"命令。

选择"视图→动态观察→自由动态观察"菜单命令或单击"动态观察"工具条上的"自由动态观察"命令按钮 ，绘图区中出现绿色的大圆，被几个小圆划分成 4 个象限，如图 9.77 所示。与"受约束的动态观察"命令类似，但观察点不会约束为沿着 XY 平面或 Z 轴移动，可随光标的移动，观察到视图的各个方位。

③ 执行"连续动态观察"命令。

选择"视图→动态观察→连续动态观察"菜单命令或单击"动态观察"工具条上的"连续动态观察"命令按钮 。观察视图时，在绘图区单击并沿任何方向拖曳鼠标指针，可以使对象沿着拖动方向开始移动，释放鼠标按钮，对象将在指定的方向沿着轨道连续旋转。

 提　示

使用动态观察可以很方便地查看整个模型，但使用此命令时不能编辑对象。

【练一练】 绘制立体图，创建 4 个视口。在每个视口中使用动态观察命令，获得不同角度的视图，如图 9.78 所示。

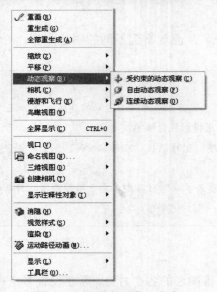

图 9.76 "动态观察"命令

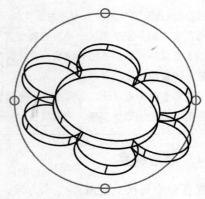

图 9.77 自由动态观察

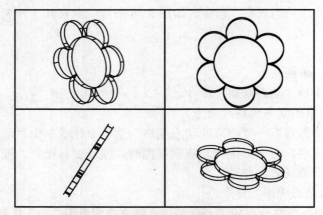

图 9.78 在不同视窗中创建不同的视图

操作步骤如下。

（1）绘制一幅立体图。

（2）创建 4 个视口。

选择"视图→视口→四个视口"菜单命令。

（3）调整第一个视口的视图。

① 单击确定第一个要修改的视口。

② 执行动态观察器命令，调整第一个视口的三维图形的方位。

③ 确定三维图形方位后，单击鼠标右键，弹出快捷菜单，选择"退出"命令。

（4）确定第一个视口上的视图后，其余视口操作参照步骤（3）执行。

5. 相机命令

"相机"命令用于在模型空间定义 3D 透视图。

【例 9.21】 使用相机观察如图 9.79 所示的图形。其中，设置相机高度为 200。设置完毕后，调用相机预览功能观察图形，且视觉样式为"三维隐藏"，如图9.80所示。

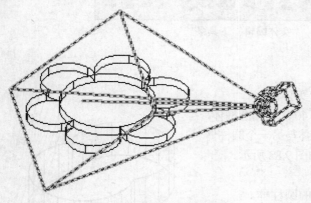

图 9.79　使用相机观察图形　　　　　　　　图 9.80　相机预览

操作步骤如下。

（1）单击"视图"工具条上的"创建相机"命令按钮 ，命令行提示如下：

命令: _camera
当前相机设置: 高度=0 镜头长度=50 毫米
指定相机位置:　　　　　　　　　　　　　（单击鼠标确定相机的初始位置）
指定目标位置:　　　　　　　　　　　　　（拖动鼠标确定相机的目的位置）
输入选项 [?/名称(N)/位置(LO)/高度(H)/目标(T)/剪裁(C)/视图(V)/退出(X)] <退出>: h
指定相机高度 <0>: 200
输入选项 [?/名称(N)/位置(LO)/高度(H)/目标(T)/剪裁(C)/视图(V)/退出(X)] <退出>: x

（2）在视图中创建了相机后，双击相机（或将鼠标移近相机处单击鼠标右键，弹出快捷菜单，选择"查看相机预览"），打开"相机预览"窗口，单击"视觉样式"下拉列表，选择"三维隐藏"。

 提　示

（1）创建相机后，还可以直接在相机处单击并拖动鼠标以调整视距。

（2）在"相机预览"对话框中显示使用相机观察到的视图效果，其中在"视觉样式"下拉列表中，可以设置预览窗口中图形的三维隐藏、三维线框、概念、真实等视觉样式。

（3）在同一视图中，可以放置一台或多台相机来定义其3D透视图。

9.5　三维实体编辑

在 AutoCAD 中，通过对基本三维实体进行并集、差集、交集 3 种布尔运算，及创建倒角、圆角等编辑操作，来制作复杂的三维实体。

1.　三维实体编辑工具条的调用

"实体编辑"工具条如图9.81所示，此工具条中包含实体编辑的所有命令按钮。

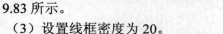

图 9.81 "实体编辑"工具条

2. 并集

并集操作可将多个实体合并成一个实体。

【例 9.22】 绘制两个半径为 50、高为 40 的相同圆柱体，线框密度均设置为 20。移动其中一个圆柱体与另一个圆柱体相交，将两圆柱体求并，操作后的效果如图 9.82 所示。

操作步骤如下。

（1）绘制一个半径为 50、高为 40 的圆柱体。

（2）复制一个相同的圆柱体。

复制的圆柱体的圆心在已知圆柱体的象限点上。

单击"东南等轴测视图"命令按钮 ，观察效果如图 9.83 所示。

（3）设置线框密度为 20。

在命令行键入命令 ISOLINES，命令提示如下：

命令: isolines
输入 ISOLINES 的新值 <4>: 20

单击"东南等轴测视图"命令按钮 ，观察效果如图 9.84 所示。

图 9.82 两圆柱并集运算效果图

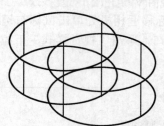

图 9.83 ISOLINES 的值为 4

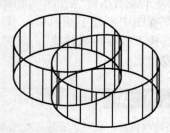

图 9.84 ISOLINES 的值为 20

（4）将两圆柱体进行求并运算，如图 9.82 所示。

单击"实体编辑"工具条的"并集"命令按钮 ，命令提示如下：

命令: _union
选择对象:　　　(选择一个圆柱体)
选择对象:　　　(选择另一个圆柱体)
选择对象:　　　(单击鼠标右键结束命令)

提 示

（1）三维实体的并集，可以将两个和两个以上的对象（面域）合并成新的组合对象。它采用无重合的方法连接实体和面域，组合后对象的体积或面积将小于或等于原来实体的体积或面积。

（2）为了方便观察图形，绘制过程中应随时调整线框密度的大小。对比图 9.83 和图 9.84 所示的图形效果，合适的线框密度，可以让图形更形象、更真实。

【练一练】 在一块木头上绘制五角星的浮雕，如图 9.85 所示。

（1）绘制矩形和正五边形，在正五边形内绘制五角星，尺寸自定，如图 9.86 所示。

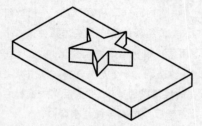

图 9.85 五角星浮雕

图 9.86 绘制平面图

（2）删除正五边形。

（3）将五角星各边连接成多段线，如图 9.87 所示。

执行"绘图→边界"命令，弹出"边界创建"对话框，单击拾取点，切换到绘图区，光标变成"十"字形，单击五角星与矩形之间的任意点，按回车键，生成多段线，删除相交线段。

（4）使用"拉伸"命令，将矩形拉伸 10 个单位，五角星拉伸 20 个单位，效果如图 9.88 所示。

图 9.87 连成多段线

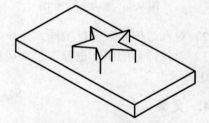

图 9.88 拉伸后的效果图

（5）对长方体与立体五角星进行并集运算，执行"消隐"命令后，效果如图 9.85 所示。

3. 差集

对三维实体进行求差运算，可以从一个实体中挖切掉另一个实体。

【例 9.23】 绘制两个半径为 50、高为 40 的相同圆柱体，线框密度均设置为 20。移动其中一个圆柱体与另一个圆柱体相交，将两圆柱体作求差运算，操作后效果如图 9.89 所示。

操作步骤如下。

（1）绘制两个圆柱体，如例 9.22 中的步骤（1）～（3）。

（2）将两圆柱体进行布尔求差运算。

单击"实体编辑"工具条中的"差集"命令按钮 ⚬⚬，
命令提示如下：

命令：_subtract 选择要从中减去的实体或面域...

选择对象：   (选择一个圆柱体)

选择对象：   (单击鼠标右键结束)

选择要减去的实体或面域 ..

选择对象：   (选择另一个圆柱体)

选择对象：   (单击鼠标右键结束)

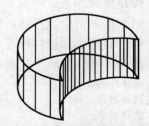

图 9.89 两圆柱差集运算效果图

提示

（1）三维实体差集，可以从一个对象中减去它与其他对象共有的部分，从而形成一个新的组合。对于实体对象，如果第二个实体完全包含在第一个实体内，则求差的结果是第一个实体减去第二个实体；如果两个实体没有重合部分，则结果是第二个实体被减去，而第一个实体不发生变化。

（2）"差集"命令与"并集"命令在操作上的不同点在于："差集"命令是先选择"从中减去的实体或面域"，完成后单击鼠标右键结束，然后继续选择"要减去的实体或面域"，完成后单击鼠标右键结束命令；而"并集"命令是将所有需要合并的对象一次性选择完毕后，按回车键结束命令。

【练一练】　绘制一个立体形状的螺丝帽，如图 9.90 所示。

（1）绘制螺丝帽平面图，如图 9.91 所示。

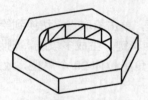

图 9.90　螺丝帽立体图

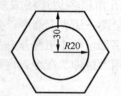

图 9.91　螺丝帽平面图

（2）对六边形和圆进行拉伸，拉伸高度为 10，如图 9.92 所示。

（3）对拉伸后的图形进行求差集运算，挖空中间的圆。执行"消隐"命令后，效果如图 9.90 所示。

4. 交集

对三维实体进行求交运算，可以得到这些实体的公共部分。

【例 9.24】　绘制两个相同的圆柱体，半径为 50、高为 40，线框密度均设置为 20。移动其中一个圆柱体与另一个圆柱体相交，将两圆柱作布尔求交运算，效果如图 9.93 所示。

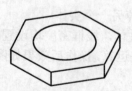

图 9.92　拉伸螺丝帽平面图

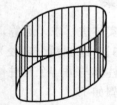

图 9.93　两圆柱交集运算效果图

操作步骤如下。

（1）绘制两个圆柱体，如例 9.22 中的步骤（1）～（3）。

（2）将两个圆柱体作布尔求交运算。

单击"实体编辑"工具条中的"交集"命令按钮 ⊙⊙，命令提示如下：

命令：_intersect

选择对象：　　　　　　　　（选择一个圆柱体）

选择对象：　　　　　　　　（选择另一个圆柱体）

选择对象：　　　　　　　　（单击鼠标右键结束命令）

提 示

　　三维实体交集，可以将两个或两个以上对象的共有部分形成一个新的组合对象。对于实体对象，通过计算两个或多个已有实体的共有体积，创建一个新的组合实体。如果两个实体没有共同部分，执行交集命令后，两个实体都被删除。

　　【练一练】 绘制半圆柱体，如图 9.94 所示。

　　操作步骤如下。

　　（1）绘制半径分别为 10 和 16，高为 30 的两个同心圆柱体，进行差集运算。使用"自由动态观察"将图形旋转到合适的角度。执行"消隐"命令后，如图 9.95 所示。

　　（2）在圆柱体上方绘制一个长方体。

　　单击"建模"工具条上的"长方体"命令按钮 ，命令提示如下：

　　命令：_box
　　指定第一个角点或 [中心(C)]：　　　　　　　　　（捕捉圆柱体底面象限点 A）
　　指定其他角点或 [立方体(C)/长度(L)]：@32,16　（确定 XY 平面的对角点 B）
　　指定高度或 [两点(2P)] <30.0000>：-30　　　　（高度方向与 Z 轴相反，即为负数）
　　执行"消隐"命令后，如图 9.96 所示。

　　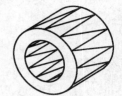　　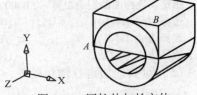

图 9.94　半圆柱体　　　　　　图 9.95　圆柱体　　　　　图 9.96　圆柱体与长方体

　　（3）对长方体和圆柱体进行交集运算，一个半圆柱体便生成了。执行"消隐"命令后，效果如图 9.94 所示。

5. 创建倒角

　　对于实体对象，利用倒角功能可以切去实体的外角（凸边），也可以填充实体的内角（凹边）。

　　【例 9.25】 利用倒角命令，绘制如图 9.97 所示的图形。

　　操作步骤如下。

　　（1）单击"视图"工具条上的"西南等轴测视图"命令按钮 。

　　（2）绘制两个长方体，长宽高分别为 40×40×10 和 20×40×20。

　　（3）对两个长方体作并集运算，如图 9.98 所示。

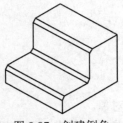　　　　　　　　　　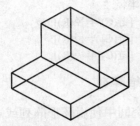

图 9.97　创建倒角　　　　　　　　图 9.98　对两个长方体进行并集运算

（4）对 *AB*、*DC* 边作倒角，倒角距离为 2×2，如图 9.99 所示。

单击"修改"工具条的"倒角"命令按钮 ，命令提示如下：

命令: _chamfer

（"修剪"模式）当前倒角距离 1 = 0.0000，距离 2 = 0.0000

选择第一条直线或 [放弃(U)/多段线(P)/距离(D)/角度(A)/多个(M)]: （单击 *AB* 边）

输入曲面选择选项 [下一个(N)/当前(OK)] <当前(OK)>:
（若当前用虚线标识的曲面为倒角的基准面，则按回车键结束选择；否则按 N 键，直至选中基准面为止。本题的基准面为 *ABCD*，如图 9.100 所示）

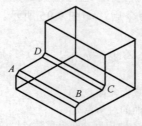

图 9.99 对 *AB*、*DC* 边进行倒角

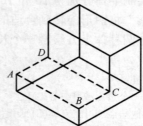

图 9.100 选择基准面

指定基面的倒角距离: 2

指定其他曲面的倒角距离 <2.0000>: 2

选择边或 [环(L)]: （单击 *AB* 边）

选择边或 [环(L)]: （单击 *DC* 边）

选择边或 [环(L)]: （按回车键结束选择）

（5）对其他边进行倒角处理，方法同步骤（4）。

6. 创建圆角

为实体创建圆角是指对三维实体的凸边或凹边切出或添加圆角。

【例 9.26】 利用圆角命令，绘制如图 9.101 所示的图形。

（1）先绘制两个长方体，如例 9.25 中的步骤（1）～（3）。

（2）对 *AB*、*CD*、*EF* 边绘制圆角，圆角半径为 2，如图 9.101 所示。

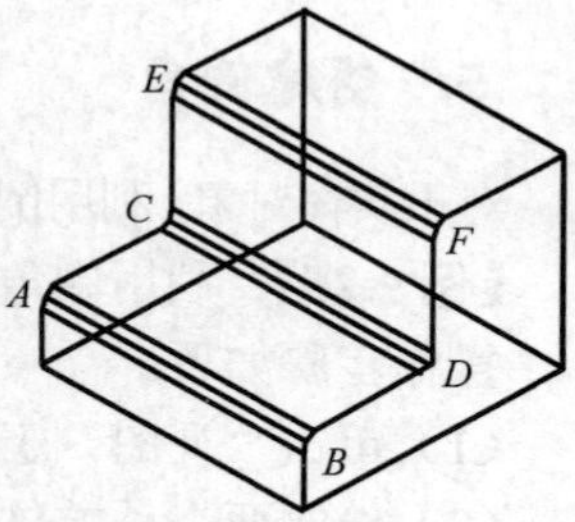

单击"修改"工具条的"圆角"命令按钮 ，命令提示如下：

命令: _fillet

当前设置: 模式 = 修剪，半径 = 0.0000

选择第一个对象或 [放弃(U)/多段线(P)/半径(R)/修剪(T)/多个(M)]:
（选择 *AB* 边）

输入圆角半径: 2

选择边或 [链(C)/半径(R)]: （选择 *CD* 边）

选择边或 [链(C)/半径(R)]: （选择 *EF* 边）

选择边或 [链(C)/半径(R)]: （按回车键结束选择）

图 9.101 创建圆角

7. 三维阵列

在三维空间中使用环形阵列或矩形阵列的方式复制对象。

【例 9.27】 在长方体中创建 12 个圆孔，如图 9.102 所示。其中，已知长方体的长宽高为 150×80×20；圆柱体底面中心点（17,15,0），半径为 8，高为 20，如图 9.103 所示。

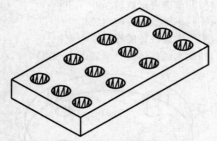

图 9.102　创建 12 个圆孔

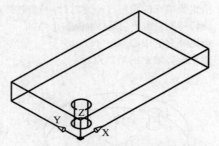

图 9.103　绘制长方体和圆

操作步骤如下。

（1）阵列圆柱体，如图 9.104 所示。

选择"修改→三维操作→三维阵列"菜单命令，命令提示如下：

命令: _3darray

选择对象:　　　　　　　　　　　　　　　　　　（单击已知圆柱体）

选择对象:　　　　　　　　　　　　　　　　　　（按回车键结束选择）

输入阵列类型 [矩形(R)/环形(P)] <矩形>:r　　（输入阵列类型）

输入行数 (---) <1>: 3　　　　　　　　　　　　（输入阵列行数）

输入列数 (|||) <1>: 4　　　　　　　　　　　　 （输入阵列列数）

输入层数 (...) <1>:　　　　　　　　　　　　　（按回车键默认为 1 层）

指定行间距 (---): 25　　　　　　　　　　　　 （输入行距）

指定列间距 (|||): 40　　　　　　　　　　　　 （输入列距）

（2）对长方体和 12 个圆柱体进行差集运算，12 个圆孔便生成了。执行"消隐"命令后，效果如图 9.102 所示。

【例 9.28】　绘制如图 9.105 所示的法兰盘。其中，已知大圆柱体的底面中心点（0,0,0），半径为 57.5，高为 14；小圆柱体底面中心点（0,42.5,0），半径为 6，高为 14，如图 9.106 所示。

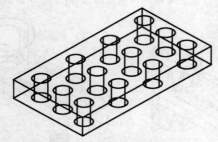

图 9.104　阵列复制圆柱体

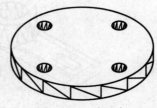

图 9.105　法兰盘

操作步骤如下。

（1）阵列小圆柱体，如图 9.107 所示。

选择"修改→三维操作→三维阵列"菜单命令，命令提示如下：

命令: _3darray

选择对象:　　　　　　　　　　　　　　　　　　（选择小圆柱体）

选择对象:　　　　　　　　　　　　　　　　　　（按回车键结束选择）

输入阵列类型 [矩形(R)/环形(P)] <矩形>:p　　（输入阵列类型）

输入阵列中的项目数目: 4 （输入阵列数目）
指定要填充的角度 (+=逆时针, -=顺时针) <360: （按回车键表示旋转 360°）
旋转阵列对象？ [是(Y)/否(N)] <Y>: （按回车键默认旋转对象）
指定阵列的中心点: （捕捉大圆柱体的底面中心点）
指定旋转轴上的第二点: （捕捉大圆柱体另一个底面中心点）

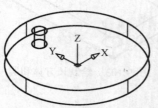

图 9.106 大圆柱体与小圆柱体

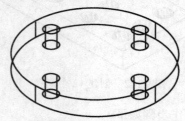

图 9.107 阵列复制圆柱体

（2）对大圆柱体和 4 个小圆柱体进行差集运算，4 个圆孔便生成了。执行"消隐"命令后，效果如图 9.105 所示。

8. 三维镜像

在三维空间中指定对象相对于某一平面镜像。

【例 9.29】 镜像复制图形，如图 9.108 所示。

选择"修改→三维操作→三维镜像"菜单命令，命令提示如下：

命令: _mirror3d
选择对象: （框选零件图）
选择对象: （单击鼠标右键结束）
指定镜像平面 (三点) 的第一个点或
[对象(O)/最近的(L)/Z 轴(Z)/视图(V)/XY 平面(XY)/YZ 平面(YZ)/ZX 平面(ZX)/三点(3)] <三点>: zx
（确定镜像的平面）
指定 ZX 平面上的点 <0,0,0>: （捕捉平面上的点，如图 9.109 所示）
是否删除源对象？ [是(Y)/否(N)] <否>: （按回车键默认保留源图像）

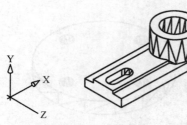
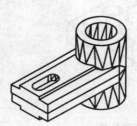
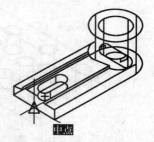

图 9.108 镜像复制图形

图 9.109 捕捉平面上的点

 提 示

执行三维镜像命令时，关键在于确定镜像面。

【想一想】 若镜像复制图形，如图 9.110 所示，应如何操作？

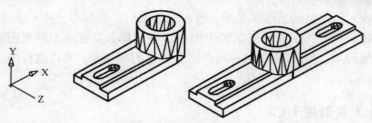

图 9.110　镜像复制图形

 提　示

（1）确定镜像面与 YZ 面平衡。

（2）捕捉镜像面上的点为圆柱底面圆心或圆柱在 YZ 面上的四分之一点。

9．通过夹点编辑三维图形

利用 AutoCAD 2008 可以方便地通过夹点修改已有的图形。

【例9.30】　通过修改夹点，使已知的螺旋线顶面直径变大或变小，如图 9.111、图 9.112 所示。

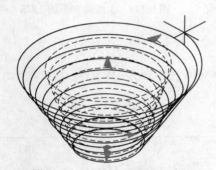

图 9.111　螺旋线顶面直径变大

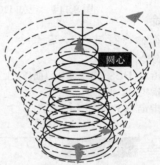

图 9.112　螺旋线顶面直径变小

操作步骤如下。

（1）绘制底面半径为 30，顶面半径为 60，高度为 100，圈数为 10 的螺旋线。

（2）拾取螺旋线，在螺旋线上显示出夹点，如图 9.113 所示。

（3）选择位于右上方的箭头夹点作为操作点，拖曳鼠标进行拉伸，如图 9.111、图 9.112 所示。

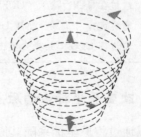

图 9.113　螺旋线上显示夹点

9.6　建立用户坐标系

在 AutoCAD 中，默认的坐标系是世界坐标系，各坐标轴及原点的方向固定不变。对于二维绘图来说，已完全满足绘图要求，但在三维图形的绘制中，并不能满足用户的要求，如标注三维对象只能在当前坐标的 XY 平面中进行，那么当标注不同平面的尺寸时，就必须定义自己的坐标系。AutoCAD 允许用户定义自己的坐标系，并将这样的坐标系称为用户坐标系，即 UCS。

1. 根据 3 点创建 UCS

根据 3 点创建 UCS 是最常用的方法之一，它根据 UCS 的原点及其 X 轴、Y 轴的正方向上的点来创建新的 UCS。

【例 9.31】 已知如图 9.114 所示的图形及当前坐标系。试建立新的 UCS，该 UCS 的原点位于 A 点，X 轴与 AB 边重合，Y 轴与 AC 边重合，如图 9.115 所示。

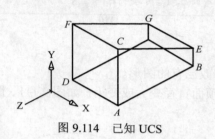

图 9.114 已知 UCS

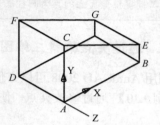

图 9.115 3 点确立新的 UCS

在命令行键入 UCS 命令，命令提示如下：

命令: ucs
指定 UCS 的原点或 [面(F)/上一个(P)/视图(V)/世界(W)/X/Y/Z/Z 轴(ZA)] <世界>:(捕捉端点 A)
指定 X 轴上的点或 :   (捕捉端点 B)
指定 XY 平面上的点或 :   (捕捉端点 C)

提 示

创建 UCS 的常用方法。
（1） 通过在命令行输入"UCS"命令实现。
（2） 通过选择"工具→新建 UCS→…"菜单命令实现。
（3） 通过在 UCS 工具栏上单击相应的命令按钮实现。

2. 改变原坐标系的原点位置创建新的 UCS

可以通过将原坐标系随其原点平移到某一位置的方式创建新的 UCS。由此方法得到的新 UCS 的各坐标轴方向与原 UCS 的坐标轴方向一致。

【例 9.32】已知 UCS 图标如图 9.116 所示，把其原点从端点 A 平移至端点 D，如图 9.117 所示。

在命令行键入 UCS 命令，命令提示如下：

命令: ucs
指定 UCS 的原点或 [面(F)/上一个(P)/视图(V)/世界(W)/X/Y/Z/Z 轴(ZA)] <世界>:(捕捉端点 D)
指定 X 轴上的点或 <接受>:   (按回车键结束)

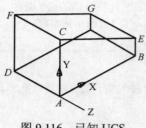
图 9.116　已知 UCS

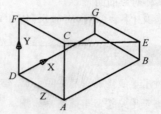
图 9.117　平移确立新的 UCS

3．将原坐标系绕某一坐标轴旋转一定的角度创建新的 UCS

将原坐标系绕其某一坐标轴旋转一定的角度来创建新的 UCS。

【例 9.33】　已知 UCS 图标如图 9.118 所示，XY 面平行于 *ABEC* 面。要求旋转 UCS 图标，使其 XY 面平行于 *ACFD* 面，如图 9.119 所示。

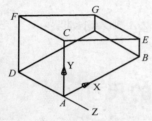
图 9.118　已知 UCS

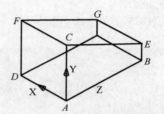
图 9.119　旋转确立新的 UCS

在命令行键入 UCS 命令，命令提示如下：

命令: ucs

指定 UCS 的原点或 [面(F)/上一个(P)/视图(V)/世界(W)/X/Y/Z/Z 轴(ZA)] <世界>: y

　　　　　　　　　　　　　　　　　　　　　　　　（定义绕 Y 轴旋转）

指定绕 Y 轴的旋转角度 <90>: 90　　　　　　　　　　　　（逆时针旋转 90°）

4．快速确立 XY 轴所在的三维平面

当要确定 XY 所在的平面，而无须准确描述原点位置时，可采用此方法。

【例 9.34】　已知 UCS 的 XY 面平行于 *ABEC* 面，如图 9.120 所示。现将 XY 面平行于 *CEGF* 面，如图 9.121 所示。

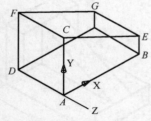
图 9.120　已知 UCS

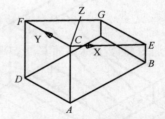
图 9.121　确立 XY 轴所在平面

在命令行键入 UCS 命令，命令提示如下：

命令: ucs

指定 UCS 的原点或 [面(F)/上一个(P)/视图(V)/世界(W)/X/Y/Z/Z 轴(ZA)] <世界>: f

选择实体对象的面: (单击 *CEGF* 平面)
输入选项 [下一个(N)/X 轴反向(X)/Y 轴反向(Y)] <接受>:   (按回车键结束)

系统将用虚线显视满足条件的面,若系统判断错误,用户可按 N 键,则系统继续提示下一个满足条件的面,直至用户按回车键结束选择。

5. 创建 XY 面与计算机屏幕平行的 UCS

在三维绘图时,当需要在当前视图进行标注文字等操作时,一般设置 XY 面与计算机屏幕平行。

【例 9.35】 设置 XY 面与计算机屏幕平行。

在命令行键入 UCS 命令,命令提示如下:

命令: ucs
指定 UCS 的原点或 [面(F)/上一个(P)/视图(V)/世界(W)/X/Y/Z/Z 轴(ZA)] <世界>: v

9.7   标注三维对象的尺寸

在 AutoCAD 中,使用"标注"工具,不仅可以标注二维对象的尺寸,还可以标注三维对象的尺寸。由于所有的尺寸标注都只能在当前坐标的 XY 平面中进行,因此,为了准确标注三维对象中各部分的尺寸,需要不断地变换坐标系。

【例 9.36】 标注如图 9.122 所示的三维图形。

操作步骤如下。

(1)绘制如图 9.122 所示的三维图形。

(2)选择"视图→消隐"菜单命令,消隐图形。

(3)在命令行键入 UCS 命令,采用 3 点创建 UCS 的方法,将原点设置在 *A* 端点,X 轴与 *AC* 边重合,Y 轴与 *AB* 边重合,如图 9.123 所示。

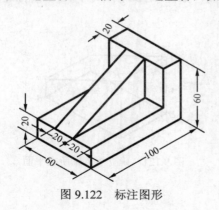

图 9.122   标注图形

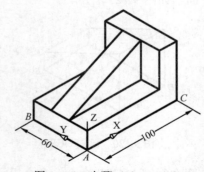

图 9.123   步骤(3)～(4)

(4)在"标注"工具栏中单击"线性"命令按钮 ,分别对 *AC* 边、*AB* 边进行标注,如图 9.123 所示。

（5）在命令行键入 UCS 命令，采用将原坐标绕 Y 轴旋转 –90°的方法重新设置 UCS，如图 9.124 所示。

（6）在"标注"工具栏中单击"线性"命令按钮，对 *BD* 边进行标注，如图 9.124 所示。

（7）在命令行键入 UCS 命令，采用改变原点位置至 *C*，平移原坐标的方法，重新设置 UCS，如图 9.125 所示。

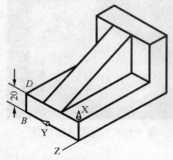

图 9.124 步骤（5）～（6）

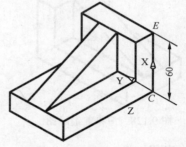

图 9.125 步骤（7）～（8）

（8）在"标注"工具栏中单击"线性"命令按钮，对 *CE* 边进行标注，如图 9.125 所示。

（9）在命令行键入 UCS 命令，采用 3 点创建 UCS 的方法，将原点设置在 *K* 端点，X 轴与 *KI* 边重合，Y 轴与 *KF* 边重合，如图 9.126 所示。

（10）在"标注"工具栏单击"线性"命令按钮，对 *FG* 边进行标注，如图 9.126 所示。

（11）在命令行键入 UCS 命令，采用改变原点位置至 *M*，平移原坐标的方法，重新设置 UCS，如图 9.127 所示。

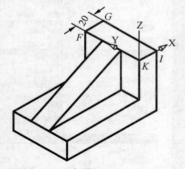

图 9.126 步骤（9）～（10）

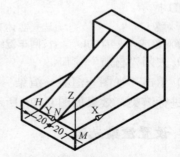

图 9.127 步骤（11）～（12）

（12）在"标注"工具栏中单击"线性"命令按钮，分别对 *HN* 边、*NM* 边进行标注，如图 9.127 所示。

9.8 渲 染

渲染操作是通过设置光源、材质、贴图，来创建三维模型的照片级真实感。

1. 设置渲染材质

在渲染对象时，使用材质可以增强模型的真实感。

【例9.37】 对图9.128所示的三维图形设置材质，其中"类型"选择"真实"，"样板"选择"玻璃-半透明"，"漫射贴图"为"木材"，并进行渲染，效果如图9.129所示。

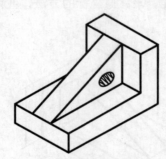

图9.128 渲染前消隐图

图9.129 设置渲染材质

操作步骤如下。

（1）选择"视图→渲染→材质"菜单命令，弹出"材质"对话框，如图9.130所示。

（2）在"材质"对话框中，将"类型"设为"真实"，"样板"设为"玻璃-半透明"，"漫射贴图"选区中的"贴图类型"设为"木材"，如图9.130所示。

（3）单击"将材质应用到对象"按钮，AutoCAD提示：

选择对象： (选择实体对象)

选择对象或 [放弃(U)]： (按回车键结束选择)

（4）关闭"材质"窗口。

（5）单击"视图→渲染→渲染"菜单命令，对图像进行渲染，效果如图9.129所示。

2. 设置渲染光源

由于光源的设置会直接影响渲染效果，所以通常要在渲染之前设置所需要的光源。

【例9.38】 对图9.129所示图形进行光源的设置，效果如图9.131所示。

操作步骤如下。

（1）设置UCS，如图9.132所示。

（2）建立点光源。

选择"视图→渲染→新建点光源"菜单命令，命令提示如下：

命令：_pointlight

指定源位置 <0,0,0>: 60,40,50

图9.130 "材质"窗口

输入要更改的选项 [名称(N)/强度因子(I)/状态(S)/光度(P)/阴影(W)/衰减(A)/过滤颜色(C)/退出(X)]
<退出>: i

输入强度 (0.00 - 最大浮点数) <1.0000>: 15

输入要更改的选项 [名称(N)/强度因子(I)/状态(S)/光度(P)/阴影(W)/衰减(A)/过滤颜色(C)/退出(X)]
<退出>: w

输入 [关(O)/锐化(S)/已映射柔和(F)/已采样柔和(A)] <锐化>: o

输入要更改的选项 [名称(N)/强度因子(I)/状态(S)/光度(P)/阴影(W)/衰减(A)/过滤颜色(C)/退出(X)]
(按回车键结束)

图 9.131　设置渲染光源

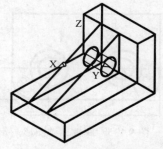

图 9.132　设置 UCS

（3）单击"视图→渲染→渲染"菜单命令，对图像进行渲染，效果如图 9.131 所示。

提　示

用户若对所设的渲染光源的效果不满意，可以重新执行光源命令，修改已有光源的强度和位置，或者在合适的位置建立新光源，直到输出效果满意为止。

9.9　知 识 拓 展

【例 9.39】　绘制一个机械零件图。如图 9.133 所示，这是一个东南等轴测视图。
操作步骤如下。

(1) 观察图形由哪几部分组成？

根据图形的组成以及绘制图形的方便程度，可以将图形分成 3 个部分绘制，如图 9.134 所示。

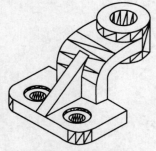

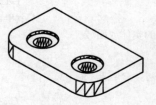

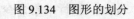
中间连接构件　　　　　　　　底部垫板　　　　　　　空心圆柱

图 9.133　机械零件图　　　　　图 9.134　图形的划分

(2) 绘制底部垫板。

① 绘制二维图形。按照图 9.135 所示的尺寸,运用矩形、圆和圆角命令,完成平面图形的绘制。

② 设置带圆角的矩形为多段线或一个面域。

③ 对图形进行拉伸操作,得到一个由 5 个拉伸实体组成的图形。选择东南等轴测视图,效果如图 9.136 所示。

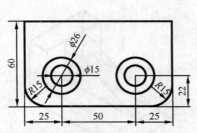

图 9.135　底板二维图形

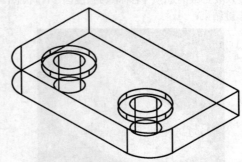

图 9.136　拉伸后的线框图

单击"建模"工具条的"拉伸"命令按钮 ⬚,命令行提示如下:

命令: _extrude

当前线框密度: ISOLINES=4

选择对象:	(选择带圆角的矩形)
选择对象:	(选择直径为 15 的小圆)
选择对象:	(选择另一个直径为 15 的小圆)
选择对象:	(按回车键完成对象的选择)
指定拉伸高度或 [路径(P)]: −15	(输入拉伸高度为−15,向下拉伸)
指定拉伸的倾斜角度 <0>:	(按回车键默认倾斜角度为 0)
命令:	(按回车键或者按空格键,重复拉伸命令)

命令: _extrude

当前线框密度: ISOLINES=4

选择对象:	(选择直径为 26 的大圆)
选择对象:	(选择另一个直径为 26 的大圆)
选择对象:	(按回车键完成对象的选择)
指定拉伸高度或 [路径(P)]: −3	(输入拉伸高度为−3,向下拉伸)
指定拉伸的倾斜角度 <0>:	(按回车键结束命令)

④ 进行差集运算,效果如图 9.137 所示。

单击"实体编辑"工具条的"差集"命令按钮 ⬭,命令提示如下:

命令: _subtract 选择要从中减去的实体或面域...

| 选择对象: | (选择带圆角的长方体为母体) |
| 选择对象: | (单击鼠标右键结束) |

选择要减去的实体或面域 ..

选择对象:	
选择对象:	
选择对象:	
选择对象:	(选择 4 个圆柱体为要减去的实体)
选择对象:	(单击鼠标右键结束)

⑤ 在命令行输入 hide,执行消隐命令,效果如图 9.138 所示。

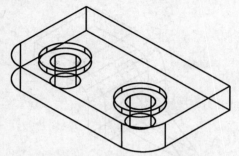

图 9.137　差集完成后的线框图

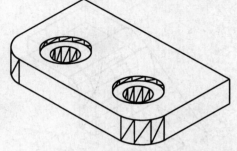

图 9.138　差集完成后的消隐图

（3）绘制中间的连接构件。

① 将当前视图变为右视图，按照图 9.139 所示的尺寸，在右视图中绘制平面图形。

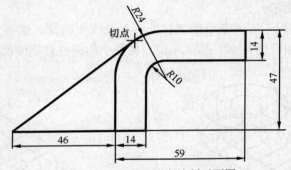

图 9.139　在右视图中绘制平面图

② 在命令行中输入 BO，执行"边界"命令，将图形变成封闭的多段线区域。此时单击图形，会发现图形已经变为由两条多段线组成，不再由多条直线和圆弧组成。

③ 选择东南等轴测视图。执行"拉伸"命令，选择三角形为拉伸对象，输入拉伸高度为 12，角度为 0，按回车键，得到如图 9.140 所示的效果图。

④ 再次执行"拉伸"命令，选择有圆弧段的封闭多段线为拉伸对象，拉伸高度为 50，角度为 0，回车，得到如图 9.141 所示的效果图。

图 9.140　拉伸三角形

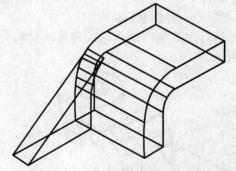

图 9.141　拉伸有圆弧段的多段线

⑤ 使用移动命令，移动三角形部分到圆弧体的中间位置，效果如图 9.142 所示。

⑥ 删除多余线段，完成连接件部分的绘制，如图 9.143 所示。

（4）直接在连接件上绘制空心圆柱部分。

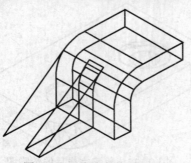
图 9.142 移动立体三角形

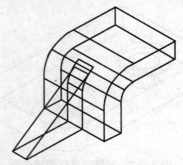
图 9.143 完成连接件部分

①　在东南等轴测视图中，单击"建模"工具条中的"圆柱体"命令按钮，以连接件顶端一边的中点为圆心，绘制两个同心的圆柱体，一个直径为 50，另一个直径为 25，高度为 24，如图 9.144 所示。

②　单击"实体编辑"工具条中的"拉伸面"命令按钮，选择大小两个圆柱体的下表面为拉伸对象，拉伸长度为 10，按回车键，零件中的圆柱体部分就绘制完成了。拉伸后的图柱体如图 9.145 所示。

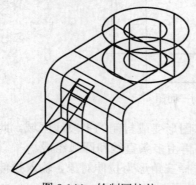
图 9.144 绘制圆柱体

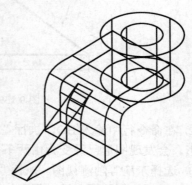
图 9.145 拉伸后的圆柱体

（5）图形的组合。

①　执行"移动"命令，打开对象捕捉，选择中间连接件和圆柱体为对象，使用移动命令将图形组合，如图 9.146 所示。

②　执行"并集"命令，选择连接件和大圆柱为对象，将两者融合为一个整体，如图 9.147 所示。

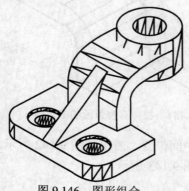
图 9.146 图形组合

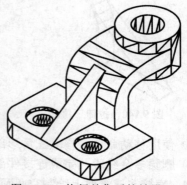
图 9.147 执行并集后的效果

③ 执行"差集"命令，选择大圆柱体为母体，再选择小圆柱体为要减去的实体，将小圆柱体挖去。最终效果如图 9.133 所示。

本 章 小 结

　　本章从基本的三维实体入手，由浅入深地分别讲述了 3D 的绘图、视图和编辑 3 部分内容。通过学习，可以绘制一些简单的 3D 图形。

思考与练习

1．简要回答以下问题。

（1）AutoCAD 2008 有哪些常用的 3D 工具条？

（2）AutoCAD 2008 有哪几种基本的实体模型？

（3）可以拉伸的二维对象有哪些？

（4）何种命令用于调整线框密度？

（5）编辑对象时可以使用三维动态观察器吗？

（6）三维布尔运算有哪些命令？

2．使用基本实体模型工具，绘制如图 9.148 所示的实物图形。

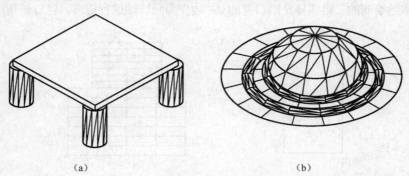

（a）　　　　　　　　　　　　　　　　　　（b）

图 9.148　题 2 图

3．使用拉伸命令绘制木雕花，尺寸自定，步骤如图 9.149 所示。

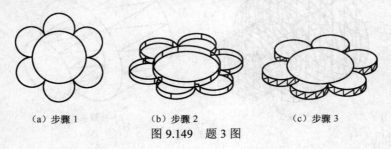

（a）步骤 1　　　　　（b）步骤 2　　　　　（c）步骤 3

图 9.149　题 3 图

4．使用路径拉伸的方法制作排水管立体图，步骤如图 9.150 所示。

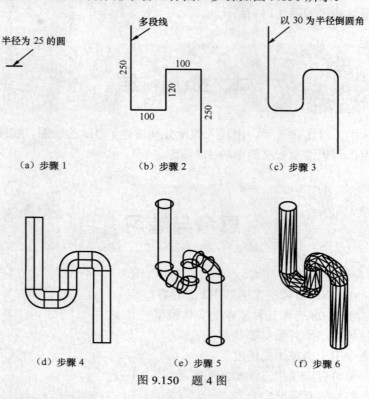

（a）步骤 1　　　　（b）步骤 2　　　　（c）步骤 3

（d）步骤 4　　　　（e）步骤 5　　　　（f）步骤 6

图 9.150　题 4 图

5．使用旋转命令创建回转三维实体。步骤如图 9.151 所示。

提示：本题绘制的三维实体是沿自身的 AB 边作为回转轴进行旋转，且旋转角度为 360°。

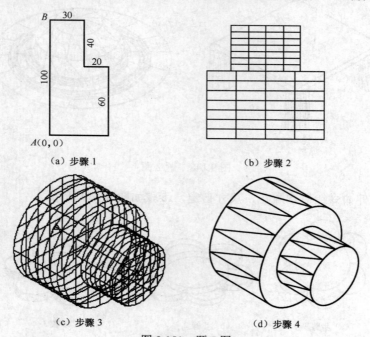

（a）步骤 1　　　　　　　　　　　（b）步骤 2

（c）步骤 3　　　　　　　　　　　（d）步骤 4

图 9.151　题 5 图

6. 若制作如图 9.152（a）所示的螺丝钉，应如何操作？本题的封闭对象与旋转轴如图 9.152（b）所示。

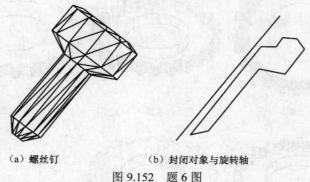

（a）螺丝钉　　　　　　　（b）封闭对象与旋转轴

图 9.152　题 6 图

7. 已知两个实体——长方体和圆，当进行什么操作时，得到如图 9.153 所示的效果图。

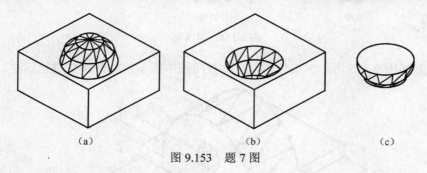

（a）　　　　　　　　（b）　　　　　　　　（c）

图 9.153　题 7 图

8. 使用三维编辑命令，完成穿孔齿轮的操作，步骤如图 9.154 所示。

提示：先绘制齿轮平面图（步骤 1～步骤 5），然后转成多段线并拉伸成高度为 20 的立体图（步骤 6～步骤 8）；最后进行三维布尔运算——差集（步骤 9～步骤 10）。

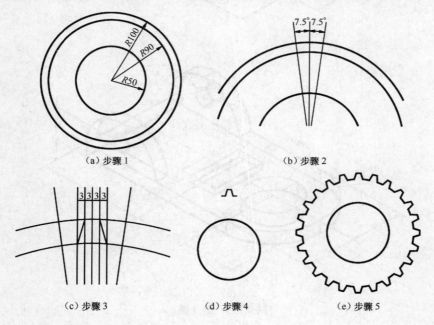

（a）步骤 1　　　　　　　　　　（b）步骤 2

（c）步骤 3　　　　　　（d）步骤 4　　　　　　（e）步骤 5

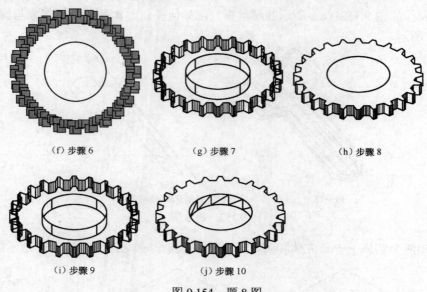

（f）步骤 6　　　　　　（g）步骤 7　　　　　　（h）步骤 8

（i）步骤 9　　　　　　（j）步骤 10

图 9.154　题 8 图

9．绘制如图 9.155 所示的实体模型，并按照图中所示的标注格式进行标注。

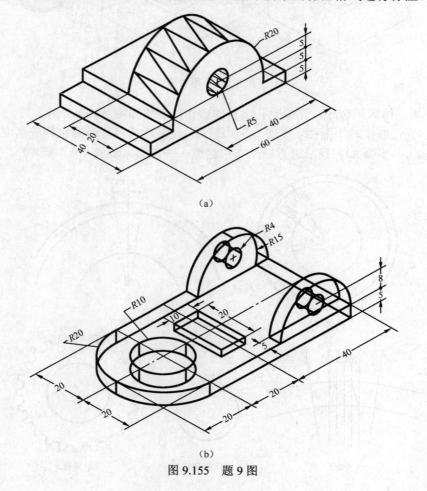

（a）

（b）

图 9.155　题 9 图

10. 综合应用题：根据图 9.156（a）所示的二维视图，绘制零件的三维图形并进行标注。其东南等轴测视图如图 9.156（b）、图 9.156（c）所示。

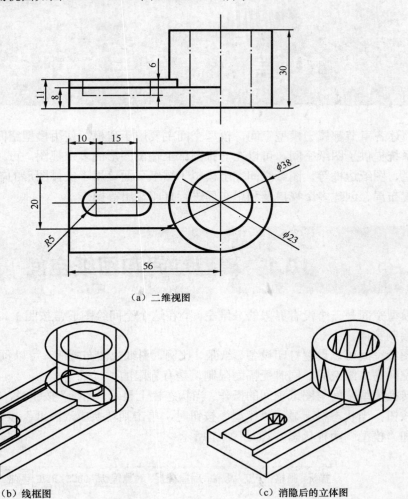

（a）二维视图

（b）线框图　　　　　　　　　　（c）消隐后的立体图

图 9.156　题 10 图

第 10 章 布局与打印出图

前述各章节都属于模型空间，模型空间主要用于建模，使用模型空间打印图纸非常不便。系统提供了图纸空间，可以在一张图纸上输出图形的多个视图，可以添加文字说明、标题栏、图纸边框等。图纸空间完全模拟了图纸页面，用于安排图形的输出布局。本章讲述设置布局、创建多个视口及利用布局进行打印输出等操作。

10.1　模型空间和图纸空间

模型空间是一个没有界限的三维空间，在这个空间绘图通常按照 1：1 的比例，以实际尺寸绘制实体。

图纸空间可以设置打印设备、纸张、比例、图纸视图布置等，可以预览图纸输出效果。图纸空间是二维空间，同时受幅面限制，是有界限的。

转换模型空间与图纸空间的操作：当状态栏上显示"图纸"按钮时，单击则转换成"模型"按钮；当状态栏上显示"模型"按钮时，单击则转换成"图纸"按钮（此按钮有"图纸"和"模型"两种状态），如图 10.1 所示。

| 捕捉 | 栅格 | 正交 | 极轴 | 对象捕捉 | 对象追踪 | DUCS | DYN | **图纸** |

（a）显示"图纸"按钮

| 捕捉 | 栅格 | 正交 | 极轴 | 对象捕捉 | 对象追踪 | DUCS | DYN | **模型** |

（b）显示"模型"按钮

图 10.1　转换模型空间与图纸空间

提　示

若在状态栏上没有"模型/图纸"按钮，则选择"工具→选项"菜单命令，弹出"选项"对话框，单击"显示"选项卡，在"布局元素"选项组中，选取"新建布局时显示页面设置管理器"复选框，如图 10.2 所示。单击"确定"按钮，系统自动在状态栏追加"模型/图纸"按钮。

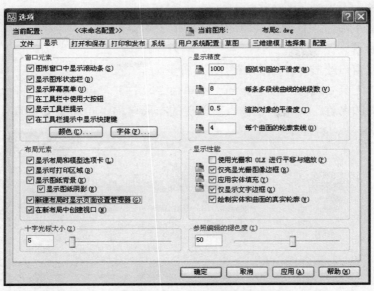

图 10.2　修改"选项"对话框

10.2　创 建 布 局

在 AutoCAD 2008 中，可以创建多种布局，每个布局代表一张单独的打印输出图纸。

【例 10.1】　在"模型"空间绘制零件图，如图 10.3 所示，并对零件图创建布局，页面设置要求如下。

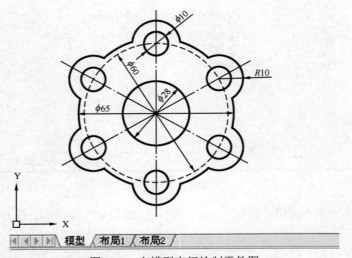

图 10.3　在模型空间绘制零件图

（1）设置布局名为"布局 3"。

（2）选择当前连接的打印机。

（3）采用"横向"的 A4 图纸。

（4）采用单个视口，且按图纸空间缩放图形大小。

操作步骤如下。

（1）在模型窗口绘制零件图，如图 10.3 所示。

（2）选择"工具→向导→创建布局"菜单命令，打开"创建布局—开始"对话框，并在"输入新布局的名称"文本框中输入新创建的布局名称"布局 3"，如图 10.4 所示。

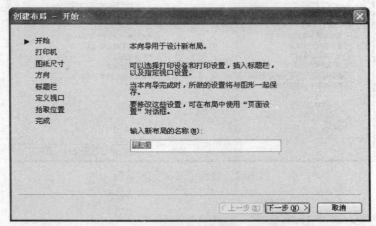

图 10.4 "创建布局—开始"对话框

（3）单击"下一步"按钮，打开"创建布局—打印机"对话框，选择当前配置的打印机，如图 10.5 所示。

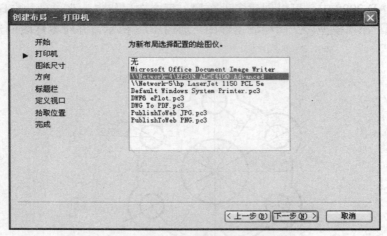

图 10.5 "创建布局—打印机"对话框

（4）单击"下一步"按钮，打开"创建布局—图纸尺寸"对话框，选择图纸大小为 A4，如图 10.6 所示。

（5）单击"下一步"按钮，打开"创建布局—方向"对话框，选择图纸方向为"横向"，如图 10.7 所示。

（6）单击"下一步"按钮，打开"创建布局—标题栏"对话框，选择"无"标题栏，如图 10.8 所示。

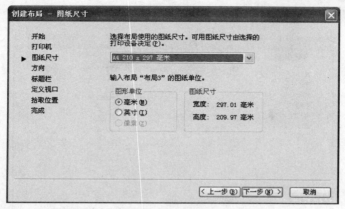

图 10.6 "创建布局—图纸尺寸"对话框

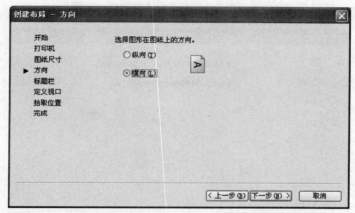

图 10.7 "创建布局—方向"对话框

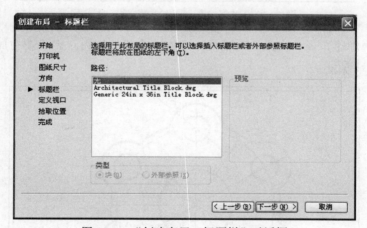

图 10.8 "创建布局—标题栏"对话框

（7）单击"下一步"按钮，打开"创建布局—定义视口"对话框，在"视口设置"选项组中选择"单个"单选按钮，在"视口比例"下拉列表中，选择"按图纸空间缩放"，如图 10.9 所示。

（8）单击"下一步"按钮，打开"创建布局—拾取位置"对话框，单击"选择位置"按钮，切换到绘图窗口，并指定视口的大小和位置。本题没有明确定义图形的位置，可直

接单击"下一步"按钮，如图 10.10 所示。

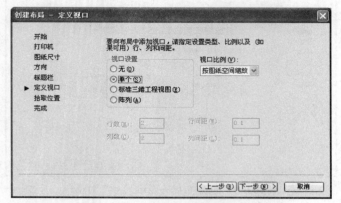

图 10.9 "创建布局—定义视口"对话框

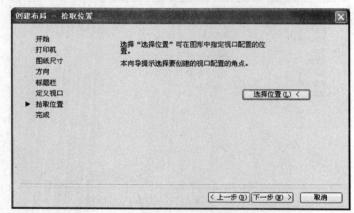

图 10.10 "创建布局—拾取位置"对话框

（9）弹出"创建布局—完成"对话框，单击"完成"按钮，完成新布局的创建。创建的布局如图 10.11 所示。

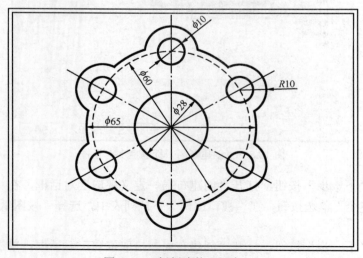

图 10.11 新创建的"局布 3"

10.3 布局管理

在布局选项卡上单击鼠标右键，弹出快捷菜单，可以完成新建、删除、移动、重命名、复制布局等操作；选择"文件→页面设置"菜单命令，打开"页面设置"对话框，修改对话框的内容，则可以修改和编辑布局页面。

【例10.2】 对例10.1中的"布局3"进行修改，要求如下：采用"纵向"的A4图纸，并且居中显示图形。经修改的"布局3"，如图10.12所示。

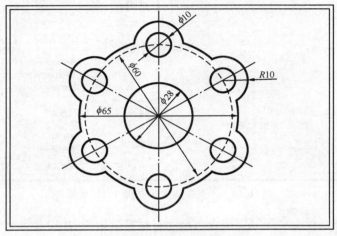

图 10.12 修改后的"布局3"

操作步骤如下。

（1）单击"文件→页面设置管理器"菜单命令，弹出"页面设置管理器"对话框，如图10.13所示。选择"布局3"，单击"修改"按钮，弹出"页面设置—布局3"对话框。

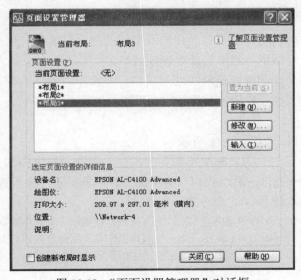

图 10.13 "页面设置管理器"对话框

（2）在"页面设置—布局3"对话框中，修改"图形方向"，选择"纵向"单选按钮；在"打印区域"选项组中，修改"打印范围"下拉列表为"窗口"；在"打印偏移"选项组中，选择"居中打印"复选框，如图 10.14 所示。

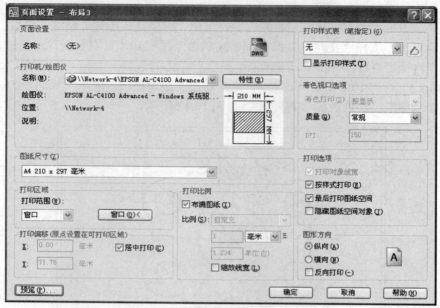

图 10.14　"页面设置—布局 3"对话框

（3）设置完毕，单击"预览"按钮，显示布局窗口如图 10.12 所示。页面设置完毕后，单击"确定"按钮结束。

10.4　删除、创建和调整浮动视口

在布局窗口中，可以将浮动视口当作图纸空间的图形对象，利用夹点功能改变浮动窗口的大小和位置，还可以用"删除"命令删除视口。

【例 10.3】　将单个浮动视口调整成两个视口，并将左边的浮动视口中的图形进行局部放大，并调整视口的大小及位置，如图 10.15 所示。

操作步骤如下。

（1）打开浮动视口，如图 10.11 所示。

（2）单击"删除"命令 ✍，删除不需要的视口。删除后结果如图 10.16 所示。

（3）选择"视图→视口→两个视口"菜单命令，屏幕提示"输入视口排列方式"，选择"垂直"方式，如图 10.17 所示。命令提示如下：

输入视口排列方式 [水平(H)/垂直(V)] <垂直>:　　(按回车键表示"垂直"排列方式)
指定第一个角点或 [布满(F)] <布满>:　　(按回车键表示两个视口将充满整张图纸)

（4）执行命令后，创建两个视口，如图 10.18 所示。

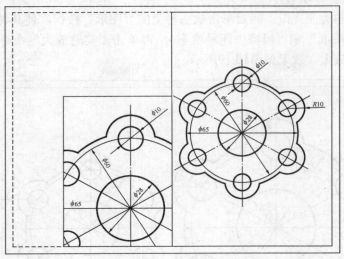

图 10.15 视口编辑

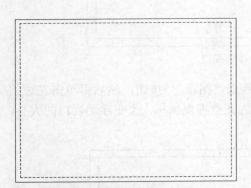

图 10.16 删除不需要的视口

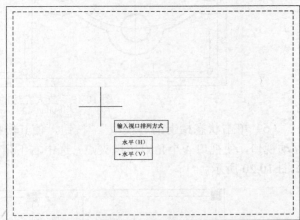

图 10.17 设置两个视口

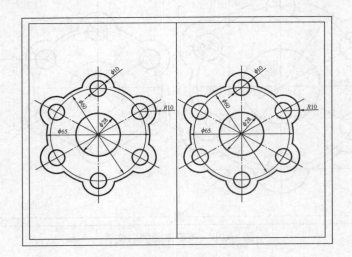

图 10.18 创建两个视口

（5）先单击左边的视口，然后单击状态栏上的"图纸"按钮，使其转化成"模型"按钮（此按钮有"图纸"和"模型"两种状态），再单击"实时放大"命令按钮，将左边浮动视口的图形放大，效果如图10.19所示。

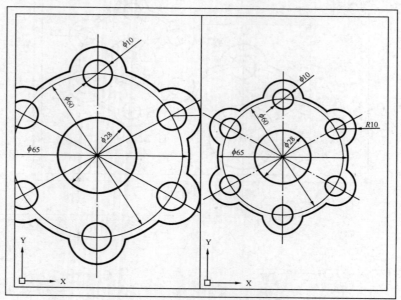

图 10.19　放大左边的浮动视口

（6）单击状态栏上的"模型"按钮，使其转换成"图纸"按钮，然后再单击左边的浮动视口，使视口4个角点出现夹点，选中右下角的夹点拖曳鼠标，改变浮动视口的大小，如图 10.20 所示。

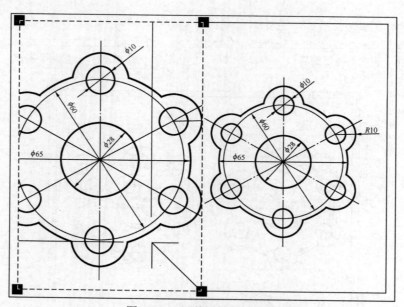

图 10.20　调整浮动视口位置

（7）利用鼠标拖曳浮动视口的边界或利用"移动"命令按钮，将浮动视口移到合适的位置。最终效果如图10.15所示。

 提 示

（1）删除浮动视口：在"图纸"状态下，先单击浮动视口边界，再单击"删除"工具 ✎。

（2）创建多个浮动视口：在"图纸"状态下，选择"视图→视口→（选择视口个数）"菜单命令。

（3）要改变视口的大小：在"图纸"状态下，选中浮动视口边界，这时在矩形边界的4个角点出现夹点，选中夹点拖曳鼠标改变浮动视口的大小。

（4）改变浮动视口的位置：在"图纸"状态下，选中浮动视口边界，将鼠标指针放在浮动视口边界上，拖曳鼠标改变视口的位置。

（5）把视口内的图形扩大或缩小：在"模型"状态下，利用"实时放大"命令，将图形扩大或缩小。

10.5　创建非矩形视口

前述各节中创建了矩形视口，本节阐述非矩形视口的创建。

方法一：在图纸空间绘制一个或多个对象（如圆、椭圆、正多边形）作为视口，然后选择"视图→视口→对象"菜单命令，在系统的提示下选择要剪切视口的对象（如在图纸空间绘制的圆、椭圆、正多边形），就会形成一个非矩形视口。

方法二：选择"视图→视口→多边形视口" 菜单命令，在图纸空间绘制一个多边形，其命令提示序列与创建多段线一样。多边形创建完毕，生成一个不规则视口。

采用以上两种方法创建的视口，均可以根据需要调整图形的比例和位置，也可以利用视口边界的句柄调整视口的形状。

【**例10.4**】 创建布局如图10.21所示，要求：

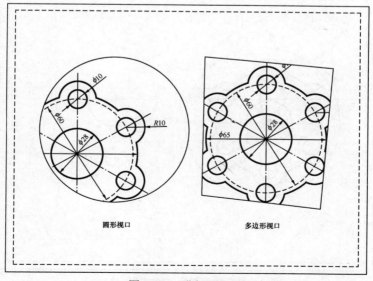

图 10.21　非矩形视口

（1）创建两个视口；

（2）左边的视口设置成"圆形视口"，右边的视口设置成"多边形视口"；

（3）两个视口内的图形分别进行局部放大并移动到适当位置。

操作步骤如下。

（1）打开浮动视口，如图 10.11 所示。

（2）删除不需要的浮动视口。

（3）单击"圆"命令，在"图纸"空间绘制圆形视口，如图 10.22 所示。

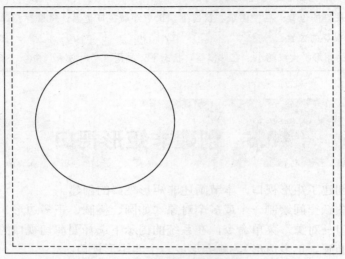

图 10.22　在图纸空间绘制圆形视口

（4）将零件图填充在圆形视口内，如图 10.23 所示。

选择"视图→视口→对象"菜单命令，单击在图纸空间绘制的圆，即将零件图填充在圆形视口内。

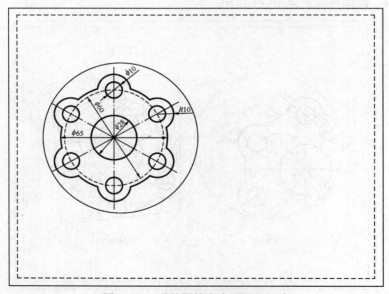

图 10.23　零件图填充在圆形视口内

（5）创建多边形视口，如图 10.24 所示。

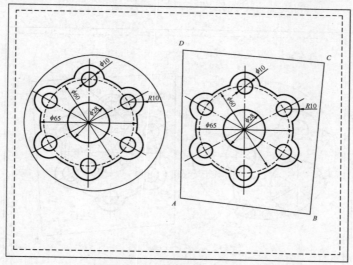

图 10.24　创建多边形视口

选择"视图→视口→多边形视口"菜单命令，命令提示如下：

命令: _vports

指定视口的角点或

[开(ON)/关(OFF)/布满(F)/着色打印(S)/对象(O)/多边形(P)/恢复(R)/2/3/4] <布满>: p

指定起点： 　　　　　　　　　　　　　　　　　　（确定 A 点）

指定下一个点或 [圆弧(A)/长度(L)/放弃(U)]: 　　　（确定 B 点）

指定下一个点或 [圆弧(A)/闭合(C)/长度(L)/放弃(U)]: 　（确定 C 点）

指定下一个点或 [圆弧(A)/闭合(C)/长度(L)/放弃(U)]: 　（确定 D 点）

指定下一个点或 [圆弧(A)/闭合(C)/长度(L)/放弃(U)]:c 　（键入 c 命令闭合图形）

（6）放大圆形视口内的图形。

先单击左边的圆形视口，然后单击状态栏上的"图纸"按钮，使其转化成"模型"按钮，再利用"实时放大"命令按钮 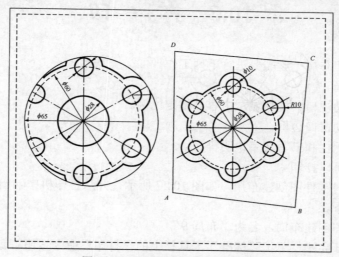，将左边浮动视口内的图形放大。如图 10.25 所示。

图 10.25　放大圆形视口内的图形

（7）利用"实时平移"命令按钮 ，将圆形浮动视口内的图形移动到适当的位置，如图 10.26 所示。

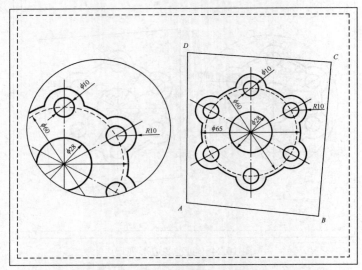

图 10.26　平移圆形视口内的图形

（8）多边形视口内图形的放大及平移的方法请参考步骤（6）、（7）的操作。

> **提　示**
>
> 　　创建不规则的多边形视口，除使用例 10.4 的方法外，还可以先在浮动视口添加正多边形对象，然后根据需要调整视口边界的句柄，形成不规则的多边形，再执行"视图→视口→对象"命令，进行图形的填充。需要注意的是，多边形视口不能采用"直线"命令或"多段线"命令绘制。

10.6　打　　印

创建一个打印布局一般需要进行下列工作。

（1）设置布局。

（2）安排浮动视口、调整显示内容、指定比例。

（3）冻结浮动窗口边框。

（4）插入标题栏和书写文字说明等。

布局完成后可以打印。

【**例 10.5**】　对零件图创建布局，如图 10.27 所示，并从打印机中输出。

操作步骤如下。

（1）对零件图创建布局，名为"布局 9"。

（2）布局设计完毕，单击"标准"工具栏上的"打印"命令按钮 或者选择"文件→打印"菜单命令，弹出"打印—布局 9"对话框，如图 10.28 所示。

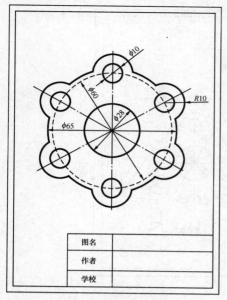

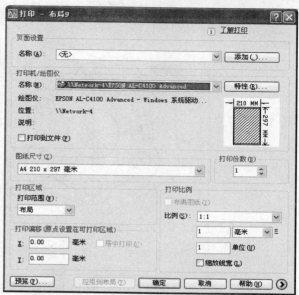

图 10.27　打印预览效果图　　　　　　　　　图 10.28　"打印—布局 9"对话框

（3）在"打印机/绘图仪"选项组的下拉列表中，选择当前连接的打印机名称；在"图纸尺寸"选项组的下拉列表中，选择图纸尺寸；在"打印份数"输入框中设置打印图纸的份数。设置完成后，单击"预览"按钮，若预览效果满意，单击"确定"按钮，将图形从打印机中输出。

10.7　知 识 拓 展

通常在模型空间绘制图形，在图纸空间打印图形，因此，打印之前先单击绘图区下方的布局选项卡转换到图纸空间，进行布局的创建，然后返回浮动窗口，进行视口的设置，如果需要，还要完成冻结浮动窗口边框、插入标题栏、书写文字说明等操作。

【例 10.6】　应用"视图→视口→对象"菜单命令，创建六边形视口；应用"视图→视口→多边形视口"菜单，创建三角形视口，完成布局后打印输出，效果如图 10.29 所示。

操作步骤如下。

（1）创建布局，删除不需要的浮动视口。

（2）使用正多边形命令，在浮动窗口的适当位置绘制一个正六边形，然后利用视口边界的句柄调整视口形状。

（3）选择"视图→视口→对象"菜单命令，创建六边形视口。

（4）选择"视图→视口→多边形视口"菜单命令，根据指定的点创建三角形视口，其命令提示序列与创建多段线相同。

（5）完成布局后，单击"标准"工具栏上的"打印"命令按钮，或者选择"文件→打印"菜单命令，弹出"打印"对话框，修改打印机配置选区参数。

（6）单击"预览"按钮，若图形符合要求，单击"确定"按钮，开始打印。

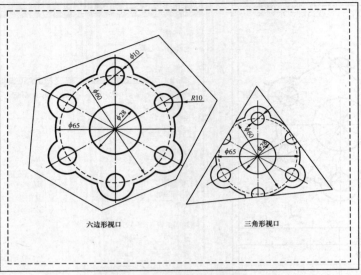

图 10.29   创建多边形视口

本 章 小 结

在手工绘图中，"绘图"和"出图"同步进行；在计算机绘图中，"绘图"和"打印出图"是分步进行的。图形的输出形式多种多样，调用样板格式最简便。在打印输出作品时，关键在于创建合适的布局。

思考与练习

1. 简要回答下列问题。

（1）创建非矩形视口采用哪些方法？

（2）在模型空间修改图样时，图纸空间的图形会随着改变吗？

（3）创建一个打印布局需要哪几个操作步骤？

2. 将视区设置为 4 个视图：主视图、俯视图、左视图和西南等轴测视图。然后在俯视图中按比例绘置桌子，尺寸自定，如图 10.30 所示。绘制完毕打印输出。

3. 绘制机器零件图，如图 10.31 所示；然后创建一个新的布局，设置 4 个视口，并且将零件图填充在视口内，如图 10.32 所示。

注：零件图中的长方体尺寸为 $100 \times 70 \times 20$；大圆柱体半径为 20，高度为 50；内嵌的圆柱体半径为 15，高度为 50；4 个小圆柱体半径均为 10，高度均为 3；长方体 4 个垂直棱边的倒圆角半径为 10，大圆柱体与长方体交线的倒圆角半径为 5，小圆柱体与长方体交线的倒圆角半径为 3。

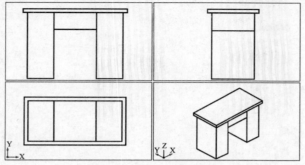

图 10.30　题 2 图

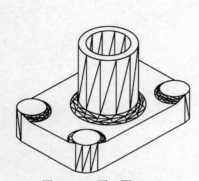

图 10.31　题 3 图（一）

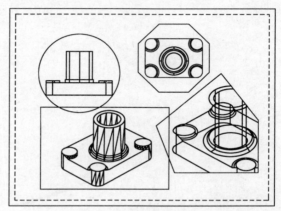

图 10.32　题 3 图（二）

4．综合应用题：绘制两幅机器零件图，如图 10.33 所示；创建具有个性化风格的布局，注明图形名称、设计用途、设计者、设计日期等相关信息，分别打印在 A4 纸上。

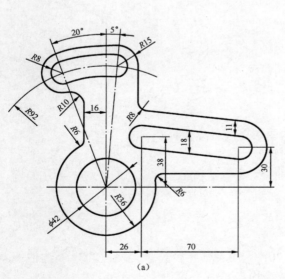

(a)

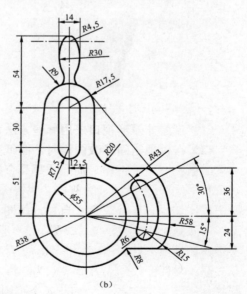

(b)

图 10.33　题 4 图